JN237323

コスメコンシェルジュ®を目指そう!

日本化粧品検定協会®公式
1級・2級対策テキスト
コスメの教科書

JCLA 日本化粧品検定協会®
JAPAN COSMETIC LICENSING ASSOCIATION

はじめに――

「美容」とは顔やからだつき、
肌などを美しく整えるという意味のことばです。
女性の永遠のテーマ「美」を整える
ものとして化粧品はなくてはならない存在です。
正しい肌や化粧品の知識があれば世の中に
星の数ほどある美容にまつわる化粧品やアイテムを
最大限効果的に使うことができます。
マッサージや生活習慣の改善などでも美しい肌へ、
無駄なく、より近道で整えることができるはずです。
そのお手伝いを本書と「日本化粧品検定」で
できることを願っています。

日本化粧品検定協会　代表理事
化粧品を心から愛している
小西さやか より

コスメコンシェルジュになるには？
日本化粧品検定について

〈 日本化粧品検定とは？ 〉

化粧品を正しく使うための知識や、化粧品についての知識のスペシャリストを育成するための検定です。**化粧品のよし悪しを評価するのではなく、化粧品の中身や働きを理解し、目的に合った使い方ができるようになることを目指しています。**ご自分の美容のためだけでなく、家族や友人へのアドバイス、あるいはショップやサロンなどでのカウンセリングなど、さまざまなシーンで活用してください。美容に興味のある方、キレイになりたい方なら年齢や性別を問わずおすすめします。

〈 検定でどんな資格がとれるの？ 〉

日本化粧品検定には、1級、2級、3級と3種類の検定試験があり、それぞれに知識レベルの基準を設けています。その基準に達しているかどうかを評価する試験を行い、合格した方には、各級の合格証を発行します。**1級合格者のうち希望者に「コスメコンシェルジュ」資格を用意しています。1級合格者でコスメコンシェルジュ資格を希望される方は、日本化粧品検定協会に入会していただき、研修プログラムを受講すると資格を得ることができます！**

コスメコンシェルジュとは？
科学的根拠に基づいた化粧品の効果や安全性、法律面から、社会に正しく伝えることのできる能力を認定する資格です。

〈 どんなことに役立ちますか？ 〉

たとえば……
化粧品販売員、美容関連に従事される方、美容業界に向けて就職活動中の学生、美容専門学校生、美容師、メイクアップアーティスト、ネイリスト、カラーコーディネーター……など、美容に関する職業についている方の専門知識のスキルアップ、ショップやサロンなどでのカウンセリングなどに役立ててください。

〈 検定資格試験の流れ 〉

3級 公式ホームページから受験でき、美容の基本的知識を問います。

2級 〈皮膚の構造と機能〉〈お手入れ方法〉〈リンパマッサージ〉などを中心に、自分自身が化粧品を正しく理解し、活用するための基礎知識を問います。知識を高めることで、より化粧品を楽しむことができるようになるでしょう。

1級 2級の内容に加え、〈化粧品の歴史〉〈化粧品の中身・処方から理解する知識（スキンケア化粧品、メイクアップ化粧品、ボディケア化粧品、ヘアケア化粧品、ネイルケア化粧品、オーラルケア化粧品）〉〈化粧品に関するルール〉〈品質、安全性などの化粧品知識〉〈官能評価〉などの応用知識を問います。科学的根拠に基づいた正しい知識で化粧品の活用法を提案でき、お客さまへのカウンセリング、営業、開発などさまざまな分野で活躍できる化粧品の専門家を目指します。

合格証発行

1級合格者は → **日本化粧品検定協会入会**（希望者）
▼
研修プログラム受講（希望者）
▼
コスメコンシェルジュ資格取得！

〈 本書の使い方 〉

本書は日本化粧品検定2級・1級の学習内容が1冊にまとめられています。各級の範囲はそれぞれ色分けされています。また「検定POINT」のマークや「検定パンダちゃん」登場箇所が検定頻出問題の解説や内容となっています。

2級の範囲は **ピンク**

1級の範囲は **ブルー**と**パープル**

検定POINT
検定パンダちゃんと
POINTマークは
頻出問題です
試験対策POINT!

白衣を着ていない
パンダちゃんは、
ためになるコラムに
ついています
知っておきたい知識

日本化粧品検定　実施要項

受験資格	制限はありません。どなたでも、**何級からでも**受験できます
受験料	3級　無料 2級　6,300円（税込み） 1級　12,600円（税込み） ※併願できます。 ※最初から1級を受験いただくことも可能です
試験方式	3級　公式ホームページから受験 20問（試験時間20分）※随時受験可能 2級・1級　マークシート方式 60問（試験時間70分） ※正答率70%で合格です
検定スケジュール	3級　随時 2級・1級 5月、11月の年2回実施予定
受験地	3級　公式ホームページにて開催 2級・1級　東京・大阪・名古屋・広島・福岡・北海道をはじめ、各都市にて開催予定
申し込み方法	公式ホームページから入力・申し込みをしてください

詳しくは日本化粧品検定協会ホームページへ
http://www.cosme-ken.org/

※日本化粧品検定®（通称 コスメ検定®）、日本化粧品検定協会®、コスメコンシェルジュ®は、一般社団法人日本化粧品検定協会の商標です。

最強の監修者のみなさん

氾濫する膨大な
美容・化粧品情報の中から、
科学的根拠をもとに
正しい知識へと導く
専門家の先生たちです。

肌タイプ判断
宇治原一成さん

キレイ！に関するお店で繁盛する会 主宰

大手化粧品会社の美容研究所にてスキンケア・エステ技術・美容理論や化粧品の研究開発に従事。学会発表や国際特許化粧品を世に出す。2000年に独立。化粧品ブランドの立ち上げから美容教育まで行う。講演では独自の美容法やカウンセリング法を提唱。『美肌は5歳から』（講談社）など著書多数。CIDESCO認定エステティシャン。

生活習慣と美容
上村晃一郎さん

生活習慣美容研究会理事

10万人の肌を研究した結果をもとに、美活脳メソッドを提唱。スキンケアをはじめ美しくなる生活習慣を頑張らずに楽しみながら身につけるアドバイスに定評がある。ラジオ出演、専門誌への執筆、美容プロ向け研修の講師を務め、正しい美容情報を現場でどう生かすかを教えている。

メイクアップカラー
小木曽珠希さん

一般社団法人日本流行色協会
レディスウェア／
メイクアップカラーディレクター

レディスウェアを中心に、メイクアップ、プロダクト・インテリアのカラートレンド予測・分析、企業向け商品カラー戦略策定のほか、色彩教育にも携わっており、色の基礎知識からトレンドカラーの使い方まで、幅広く教えている。http://www.jafca.org/

メイクアップ技術
小林照子さん

美・ファイン研究所所長
［フロムハンド］メイクアップ
アカデミー校長

大手化粧品会社にて美容研究、商品開発、教育等を担当。取締役総合美容研究所所長として活躍後、独立（1991年）。美とファインの研究を通して、人に、企業に、社会に向け、教育、商品開発、企画など、あらゆるビューティーコンサルタントビジネスを20年以上にわたり展開している。

皮膚トラブルと化粧品
櫻井直樹さん

シャルムクリニック院長

2002年東京大学医学部卒業。皮膚科・美容皮膚科だけでなく抗加齢医学、分子整合栄養医学にも精通。視診中心の一般的な皮膚科診療を超えた、最新の知識・検査を駆使するスタイルに定評がある。都内有名美容外科の顧問も歴任。日本皮膚科学会専門医、日本美容外科学会（JSAS）専門医、国際レーザー専門医、日本抗加齢医学会専門医。

**スキンケア・
男性化粧品分野**
久光一誠さん

博士（工学）

中堅化粧品会社で主にスキンケア化粧品の研究開発に10年間従事。並行して化粧品技術者向け情報提供サイト「Cosmetic-Info.jp」を運営。2008年に化粧品研究開発コンサルタント、化粧品企業向けシステム開発、Cosmetic-Info.jpの開発・運用を行う久光工房の代表取締役に就任、現在に至る。

化粧品原料分野
岡部美代治さん

ビューティサイエンティスト

大手化粧品会社にて商品開発、マーケティング等を担当し2008年に独立。美容コンサルタントとして活動し、商品開発アドバイス、美容教育などを行うほか、講演や女性誌の取材依頼も多数。化粧品の基礎から製品化まで研究してきた多くの経験をもとに、スキンケアを中心とした美容全般をわかりやすく解説し、正しい美容情報を発信している。

マッサージ
余慶尚子さん

美巡セラピスト

大手広告代理店、外資系企業勤務を経て、2007年よりリンパドレナージュサロン「Flow」を主宰。その後、美容家としての活動をスタートさせ、「巡り」のスペシャリストとして、"気・血・水"「ココロとカラダの巡り」にアプローチし、「西洋×東洋」＋「伝統×最新」をベースとした余慶式「美巡メソッド」を発表。著書に『美巡ブラシエステ』（中央公論新社）。

美容・化粧品の知識を教えてくれる

美容業界で活躍されている専門家の方々に監修していただきました！

●監修していただいたページでの登場順です。

ネイル分野
木下美穂里さん

ビューティーディレクター

映像メークアップの神「木下ユミ」の後継者、メークアップ＆ネイルアーティストとして広告・美容・ネイル業界で活躍。数々のブランドのクリエイターとしても活動。現在ビューティーの名門校「木下ユミ・メークアップ＆ネイル アトリエ」校長。卒業生は13,000人を超える。老舗ネイルサロン「ラ・クローヌ」代表。NPO法人日本ネイリスト協会理事。著書多数。

ヘアケア分野
井上哲夫さん

国際毛髪科学研究会会長

国際毛髪科学研究会会長、主席講師、生活習慣病予防指導士。東洋医学を美と健康に応用する「理論漢方」のオーソリティーとして、約30年、毛髪予防と育毛の観点から理美容団体および医療機関で数々の指導実績を持つ。執筆、講演、インタビューなど多数。

**メイクアップ
化粧品分野**
荻原 毅さん

国際経営学博士

青山学院大学理工学部卒業。大手化粧品会社で製品開発、基礎研究、品質保証に従事。2011年早期退職し化粧品開発コンサルタントとして独立。12年ルトーレプロジェクトを設立し、CEOとして経営・開発コンサルティング、エキストラバージンオリーブオイルの輸入販売およびその健康増進効果の研究を行っている。

サプリメント
鈴木絢子さん

ISNF認定サプリメントアドバイザー

大手美容外科・化粧品会社の広報PR担当を経験。広告代理店で薬事法・ライターの専門の部署を立ち上げ、美容・健康食品関連のコンサルティングで携わった企業は500社を超す。2010年より美容コンサルティング会社、エリートレーベル設立。美容や薬事法・サプリメント講義、女子学生への就活レクチャーなど、幅広く活動中。

オーラルケア分野
植田つばさん

聖蹟サピアタワークリニック
オーラルエイジングケアコーディネーター

2005年にアロマの精油学およびリンパドレナージュを学ぶ。多くのお客さまの声を聞き、口まわりのしわ・頬のたるみに着目し、「ほうれい線・たるみ」ケアにアプローチする独自の「口腔内オーラルスパ」を考案。現在、聖蹟サピアタワークリニックにて活動するとともに、商品開発のアドバイスや美容指導を行う。

香料分野
藤森 嶺さん

東京農業大学教授

早稲田大学卒業、東京教育大学（現・筑波大学）大学院理学研究科修士課程修了、農学博士（北海道大学）。東京農業大学生物産業学部食品香粧学科教授、東京農業大学オープンカレッジ講師。謡曲下懸り宝生流・宝生閑門下、洋酒技術研究会会長。農芸化学奨励賞（日本農芸化学会、昭和54年）、業績賞（日本雑草学会、平成11年）。

美アドバイス
島﨑順子さん

美容アドバイザー

国内外にて何万人もの美肌アドバイスをしてきた美容のスペシャリスト。的確な美容アドバイスが話題をよび、大手化粧品会社にて3年連続全国売り上げ1位の実績をもち、美容部員の教育部門なども担当した元トップビューティーアドバイザー。現在は雑誌やWebなどで美容アドバイザーとして活動中。独自に考案した美容術・メイク法などを発信するブログも人気。

薬事法分野
金子 剛さん

株式会社薬事法ドットコム
薬事法コンシェルジュ

20数年間、化粧品メーカーに勤務。エステサロン、美容室、クリニックサロン、SPA、通販会社など多様な化粧品の企画・開発を行ないながら、顧客の社員教育やリーダー教育にも関わる。退職後、「コスメ薬事法管理者」資格を運営する（株）薬事法ドットコムのマーケティングコンシェルジュとして執筆や講習会を開催。プロコーチとしても経営者の事業目標達成やメンタル、コミュニケーションのサポートに携わっている。

官能評価
長谷川節子さん

日本官能評価学会委員

日本官能評価学会（官能評価専門士）。スキンケアからメイクアップ、ヘアケア、ボディケアまで化粧品全般の使用感や香りを担当。強いブランドづくりには、お客さまに五感で感じていただける満足価値が必須であると考える官能評価専門士。これまで評価した化粧品は数万を超える。

CONTENTS

はじめに …………………………………………… 002
コスメコンシェルジュになるには？
日本化粧品検定について …………………………… 003
最強の監修者のみなさん …………………………… 006

コスメ検定2級出題範囲

PART.1 皮膚・肌について知ろう

1・皮膚の構造 …………………………………… 014
2・皮膚のしくみと働き ………………………… 016
　表皮の構造としくみ …………………………… 018
　基底膜について ………………………………… 019
　真皮のしくみ …………………………………… 021
　皮膚の付属器官 ………………………………… 022
3・表皮のターンオーバー ……………………… 024
4・皮膚の機能 …………………………………… 025

PART.2 肌の手入れと正しい知識

1・肌を劣化させるさまざまな要因 …………… 026
　　　　　　　　　　　　　　　　　　　028
　　　　　　　　　　　　　　　　　　　030

- 外的要因 … 030
- 内的要因 … 032

2・紫外線が肌に与える影響
- 肌に影響する紫外線の種類 … 036
- 紫外線により肌はどうなる？ … 036
- 季節や天候で紫外線量が異なる！ … 037
- サンケア指数（SPF・PA） … 038

3・肌タイプと見分け方 … 039

4・肌悩みの原因とお手入れ … 040
- 悩み① 乾燥 … 044
- 悩み② ニキビ … 045
- 悩み③ 毛穴 … 048
- 悩み④ シミ … 050
- 悩み⑤ くすみ … 053
- 悩み⑥ くま … 054
- 悩み⑦ しわ・たるみ … 056
- 美にまつわる格言・名言1 … 058

5・メイクアップの基本テクニック … 058
- 一般的なメイクアップの手順 … 059
- ファンデーション … 060
- フェイスパウダー … 060

- ハイライト、シェーディング … 061
- アイブロウ、アイシャドウ … 062
- アイライン … 064
- マスカラ … 065
- チーク … 066
- リップ … 067

6・肌悩みに応じた化粧品の使い方
- 悩み① 毛穴が気になる！ … 068
- 悩み② ニキビを隠したい！ … 068
- 悩み③ シミを隠したい！ … 069
- 悩み④ パンダ目を防ぎたい！ … 070
- 悩み⑤ くまを隠したい！ … 070
- 悩み⑥ 赤ら顔をカバーしたい！ … 071

PART.3 美肌・美ボディ生活を送るには … 071

1・効果的なマッサージの必要性と方法 … 072
- リンパの流れを考えた顔のマッサージ … 074
- 身体のリンパ節とリンパの流れ … 075
- 頭皮マッサージの方法 … 076

2・美しい肌をつくる秘訣 … 077

コスメ検定1級出題範囲

PART.4 化粧品の歴史

化粧品の歴史 ... 084

睡眠がもたらす効果 ... 078
食事＆飲み物 ... 080
運動 ... 082
入浴 ... 083

PART.5 化粧品原料と基礎知識

〈化粧品に使われる原料について〉 ... 092

1・化粧品の原料について ... 094

〈化粧品の原料について〉 ... 095

水溶性成分 ... 095
油性成分 ... 096
界面活性剤 ... 097
酸化防止剤・防腐剤 ... 099
着色剤 ... 100

〈スキンケア化粧品について〉 ... 101

2・スキンケア化粧品 ... 102

おもな構成成分 ... 102
クレンジング・洗顔 ... 103
石けん ... 106
化粧水 ... 108
乳液・クリーム ... 109

コスメTOPICS 一般的なクリームのつくり方 ... 110

ジェル・美容液 ... 111
スペシャルケア ... 112
ブースター・パック ... 112
マッサージ用化粧品・ピーリング・ゴマージュ ... 113

3・男性肌の特徴 ... 114

男性化粧品の種類 ... 115

〈メイクアップ化粧品について〉 ... 116

4・メイクアップ化粧品の基本となる原料 ... 117

5・UVケア化粧品 ... 118

UVケア化粧品 ... 119

6・ベースメイク化粧品 ... 120

ベースメイク化粧品の種類と特徴 ... 120
化粧下地 ... 121
ファンデーション ... 121
新顔ベースメイク（BBクリーム・ミネラルファンデーション） ... 123

フェイスパウダー……124
パウダータイプのメイクアップ化粧品のつくり方……125

7・ポイントメイクアップ化粧品……126
メイクアップと色について……126
口紅・リップグロス……127
チーク……128

8・アイメイクアップ化粧品……129
アイシャドウ・アイライナー……130
マスカラ……132
アイブロウ……134

〈ボディ化粧品、毛髪の構造、ネイルについて〉……135

9・ボディ化粧品について……136
洗浄料……137
防臭化粧品……138
入浴料……140
脱毛料……142
シェイプアップ料……143

10・毛髪と頭皮の構造と機能……144
毛周期と脱毛……145
毛髪と脱毛……146

11・毛髪の変化とトラブル……146
薄毛について……146

毛髪トラブルの原因とケア方法……147

12・ヘアケア化粧品について……148

13・爪の構造と機能……150
各部の名称と働き……150
爪の病気とトラブル……151

14・ネイル化粧品とお手入れ方法……152
ネイル化粧品の種類……152
その他のネイル化粧品……153
基本的な爪の形やお手入れ法……154
美にまつわる格言・名言2……156

〈香りの成分と働きについて知ろう〉……157

15・嗅覚のしくみと香りの種類……158
香りを感じるしくみ……158
天然香料……159
植物性香料、精油の効能早見表……160
動物性香料……164
合成香料・調合香料……165
香水……165
香りの持続時間……167
香水の分類と特徴……168
美にまつわる格言・名言3……170

〈オーラルケアとケア製品について知ろう〉

16・口腔と歯の構造 … 171
歯と口腔周りの病気・トラブル … 172
オーラルケア製品 … 173
歯が白くなるメカニズム … 174
美にまつわる格言・名言 4 … 175

〈サプリメントの基礎知識〉

17・サプリメントの基礎知識 … 176
サプリメントと薬の違い … 177
食品での区分 … 178
おすすめサプリメント成分 … 178
美にまつわる格言・名言 5 … 179

PART.6 化粧品にまつわるルール … 180

1・化粧品と薬事法 … 181
2・化粧品・薬用化粧品・医薬部外品の効能と効果 … 182
3・化粧品の広告やPRのための表示ルール … 184
4・化粧品の全成分表示 … 186
一般的な表示順 … 190

コスメTOPICS オーガニック化粧品の基準はあるの？ … 192

5・化粧品の安全性を守るためのルール … 192
化粧品に求められる品質 … 193
化粧品を安全に使うために … 194
安全に廃棄するためのエアゾールの法規 … 195
6・化粧品を安全に保つために … 196
ヒトによるチェックのしかた … 197
7・化粧品と肌トラブル … 198
8・化粧品の官能評価 … 199
官能評価で必要な感覚とその対象 … 200
人の五感を使った官能評価が必要なわけ … 204
9・官能評価の実施例 … 205

「コスメの教科書」索引 … 206
資料・おもな化粧品成分 … 208
参考文献・資料 … 210
おわりに … 216
 … 221
 … 222

本書の注意点

● 化粧品の処方や特徴、イラストなどは、一般的な参考資料をもとにつくり一例を紹介しています。すべての商品の特徴などにあてはまるわけではありません。

● メイクアップ方法なども、一般的なものをベースにしています。各メーカーで推奨している方法は異なります。

● 現時点での研究やデータなどを参考に制作しています。本書の内容に改訂があった場合、随時、日本化粧品検定協会ホームページ (http://www.cosme-ken.org/) でお知らせします。

● 日本化粧品検定や本書は、化粧品について学ぶもので、化粧品のよし悪しを決めるものではありません。

コスメの教科書

STAFF
編集・文／有住美慧
文／竹中愛美子、佐久間仁美、飯嶋藍子、並木理恵
イラスト／大坪ゆり、菅野里美、才野夏海
デザイン／RIDE MEDIA & DESIGN（波口元気、土肥大志）
制作協力／日本化粧品検定協会（嶽石亜希、久米佐代子、米満理恵、江澤春菜）、
　　　　　日本化粧品検定ロゴ（亀田敦）
　　　　　キャラクターデザイン／うこん
編集／田中希（主婦の友社）

PART.1

皮膚・肌について知ろう

Skin

皮膚は一般的には「肌」とよばれ、私たちの生命を
維持するうえで、とても重要な働きをしています。
身体の表面を覆っている1枚の薄い膜ですが、
いろいろな臓器の中で唯一、
直接外界と接している部分です。
外界には人体にとって有害なものがたくさんあり、
それらと最初に接触するのが皮膚なのです。
皮膚は有害なものに接すると、
身体の中まで入りこんでこないように、
さまざまな機能を発揮して人体を守ってくれます。
また、周囲の環境が変化すれば、
身体の働きをそれに適応させたりもします。
PART.1ではこのような皮膚の働きや構造、
生理作用について学びましょう。

1 皮膚の構造

皮膚の成り立ちを断面図で確認しましょう

皮膚は、私たちの身体全体を覆い、生命活動を守る器官であり、人体最大の臓器とも呼ばれています。水分を保持したり、外部からの異物の侵入を防ぐ役割があります。また、暑いときに汗をかくことで水分を出して体温を適切な温度に保ったり、痛みやかゆみを感じることで身体を危険から守る役割も果たしています。皮膚の面積は一般の成人で約1.6㎡、厚さは約0.6〜3.0㎜、重さは体重の約16％といわれています。

皮膚は、大きく分けると表皮・真皮・皮下組織という3つの層から成り立ちます。

それぞれの層の中に、さらに細かい層や細胞が含まれます。肌の色は、これらの層内にある血管や脂肪、色素などで決定されます。また、付属器官には汗腺・皮脂腺・毛・爪などがあります。皮膚の構造の断面図とともに、各部位の働きを知りましょう。

3つの層に分かれています

表皮（約0.2㎜）

目に見える一番外側の部分で、保護壁として外界のさまざまな刺激を身体の内部に伝えないしくみになっています。

真皮（約1.8㎜）

表皮の下にあります。皮膚のハリと弾力を保つ中心的な部分で、ここには皮脂腺や汗腺をはじめとする重要な器官が集まっています。

皮下組織

真皮の下にあり、皮膚とその下にある筋肉と骨との間にある部分です。脂肪をつくり蓄える働きがあり、身体全体のクッションのような役割をします。血管などもここにあります。

【皮膚の構造の断面図】

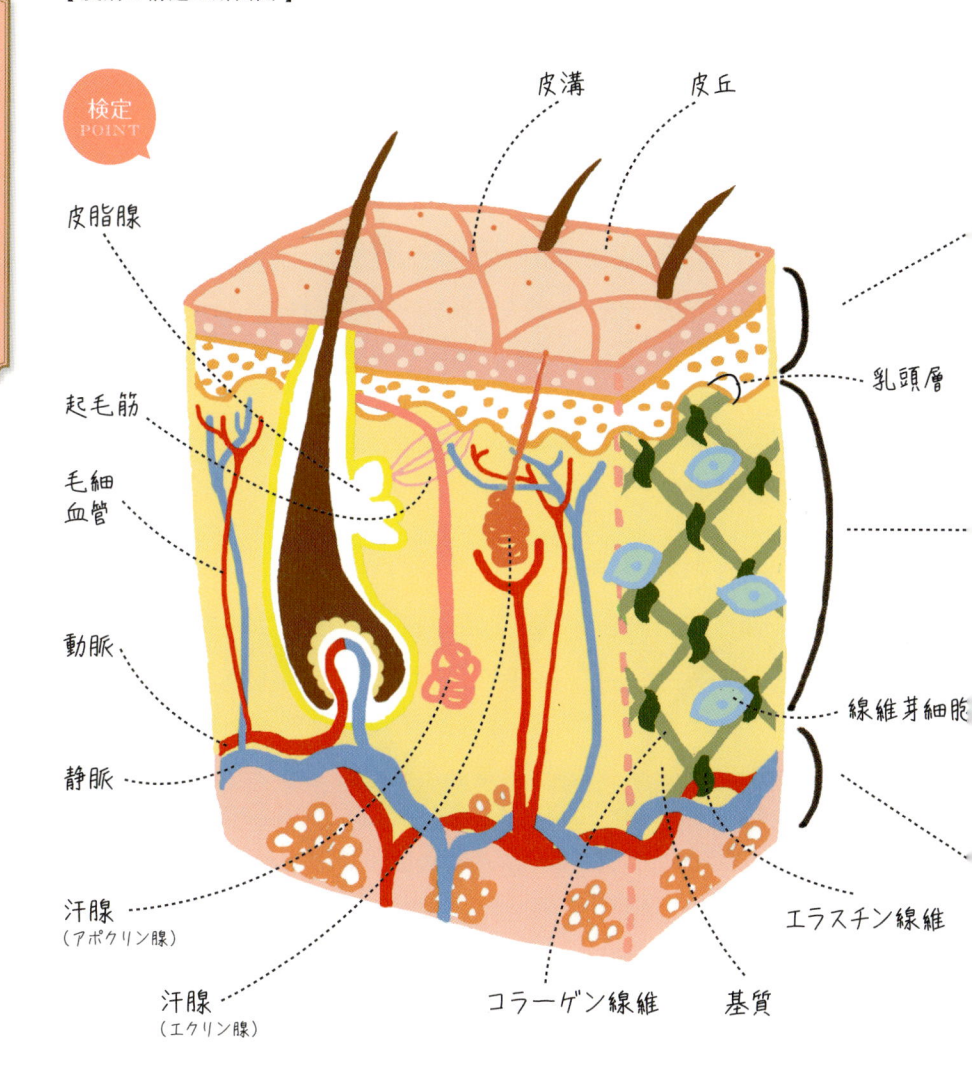

検定POINT

- 皮脂腺
- 起毛筋
- 毛細血管
- 動脈
- 静脈
- 汗腺（アポクリン腺）
- 汗腺（エクリン腺）
- 皮溝
- 皮丘
- 乳頭層
- 線維芽細胞
- エラスチン線維
- コラーゲン線維
- 基質

PART 1 皮膚・肌について知ろう

2 皮膚のしくみと働き

細かい部位について学びましょう

私たちが皮膚といった場合、一般的に目に入るのは皮膚表面です。

皮溝の幅が狭く、浅すぎず適度な深さの皮膚は、きめ細かく、すべすべです。反対に皮溝が広く深くなると皮膚表面の凹凸が目立ちます。通常、**年齢が若いほどきめが細かく**、性別では**男性よりも女性のほうがきめの細かい**皮膚をしています。

皮溝・皮丘のでき方や毛孔の状態はひとりひとり違います。性別や年齢によって異なり、同じ人でも体調、気温や湿度、紫外線の影響などで変化することもあります。

【検定POINT】
【皮膚表面の図】

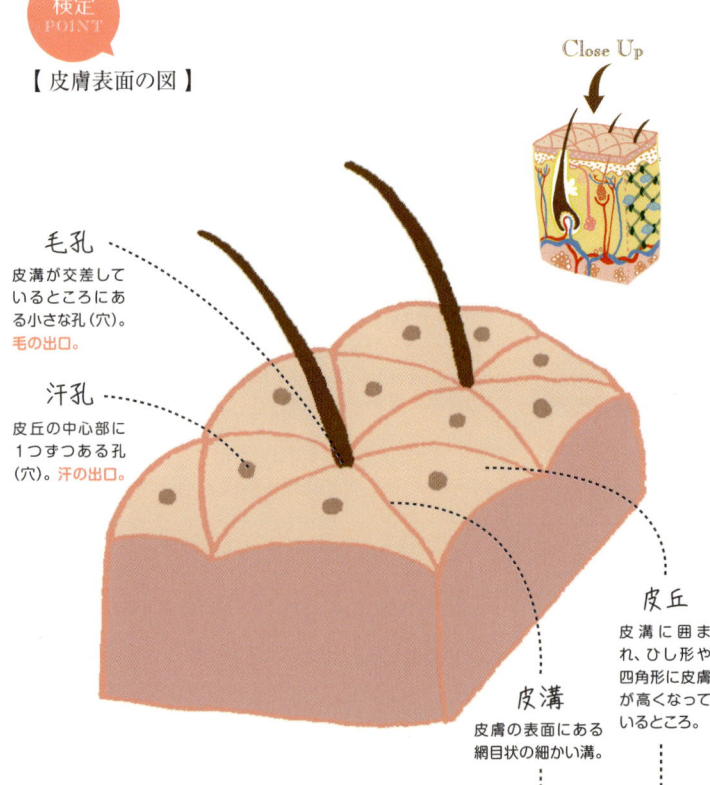

毛孔
皮溝が交差しているところにある小さな孔（穴）。毛の出口。

汗孔
皮丘の中心部に1つずつある孔（穴）。汗の出口。

Close Up

皮丘
皮溝に囲まれ、ひし形や四角形に皮膚が高くなっているところ。

皮溝
皮膚の表面にある網目状の細かい溝。

きめ細い肌のひみつ
この幅が狭く、浅すぎず適度な深さの皮膚は、きめが細かくすべすべしています。

表皮の構造としくみ

肌のきめツヤをきめる　**検定POINT**

化粧品が有効に働くのは表皮なので、どんな構造でどのような役割をになっているのかを理解することは、スキンケアを適切に行うためにも大切です。
表皮角化細胞は表皮の一番下にある基底層の細胞から生まれ、分裂を繰り返すことでつくられます。表皮は平均約 **0.2mm** ほどの厚さで、上から順に **角層・顆粒層・有棘層・基底層** で構成されています。

【 表皮の断面図 】

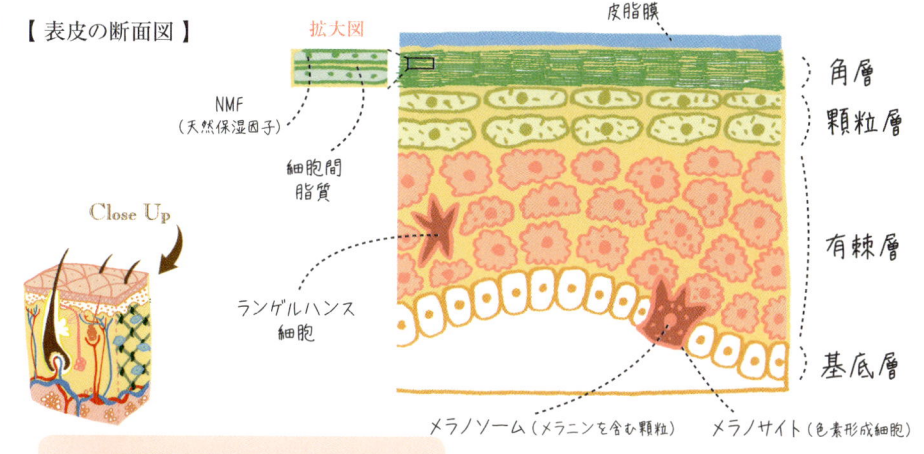

- 皮脂膜
- 拡大図
- NMF（天然保湿因子）
- 細胞間脂質
- ランゲルハンス細胞
- 角層
- 顆粒層
- 有棘層
- 基底層
- メラノソーム（メラニンを含む顆粒）
- メラノサイト（色素形成細胞）

Close Up

顆粒層（かりゅうそう）
角層のすぐ下にあり、2～3層の扁平な形をした細胞からなる層で、この細胞を顆粒細胞といいます。ここでは、**NMFや細胞間脂質の原料がつくられ、角層を形成する準備**が盛んに行われています。

有棘層（ゆうきょくそう）
基底層の分裂で生まれた有棘細胞の層です。有棘細胞の外面には多くの突起が見られ、細胞と細胞が棘で結ばれているように見えます。有棘細胞は、真皮内の血管・リンパ管から基底膜を通過して能動輸送・受動輸送された酸素や栄養を受け取ります。また、角層や顆粒層を構成するタンパク質も合成されています。**ランゲルハンス細胞**（皮膚に異物の侵入が確認されると、リンパ節に伝えてアレルギー反応を起こし、**侵入被害を取り除く働き**をしている）もここにあります。

基底層（きていそう）
表皮の一番下にある層。縦長の基底細胞が一層に並んでおり、新しい角化細胞を生み出します。メラノサイトはここにあり、**紫外線から体を守る色素（メラニン）を合成**します。

角層
表皮の一番外側にあり、**角層細胞という核のない細胞が10～20層重なって角層**をつくりあげています。NMF（天然保湿因子）や細胞間脂質などのバリア機能の働きでうるおいを保ち、皮膚を乾燥から守っています。表面には**皮脂と汗が混じりあってできた皮脂膜**があり、外部から受ける刺激から皮膚を守る役割をしています。

肌の上のうるおいベール、皮脂膜は何でできているの？

皮脂膜＝皮表脂質＋汗
皮脂に角層由来の脂質が混ざった油分　　水分など

＜皮表脂質の構成＞
① トリグリセリド 41.0%
② ワックスエステル 25.0%
③ 脂肪酸 16.4%
④ スクワレン 12.0%
⑤ ジグリセリド 2.2%
⑥ コレステロールエステル 2.0%
⑦ コレステロール 1.4%

※数値は平均値です。新化粧品学 P17参照

〈 表皮の大事な機能 〉

検定POINT

皮膚のもっとも外側に存在する表皮は、水分の保持や感染からのバリアとして機能し、皮膚の生まれ変わりもになっています。

細胞間脂質とは？

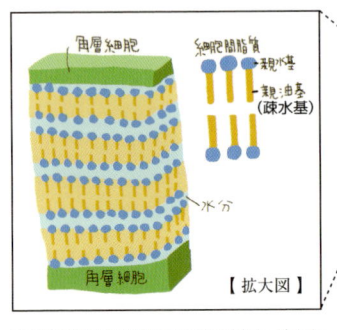

【拡大図】
- 角層細胞
- 細胞間脂質
- 親水基
- 親油基（疎水基）
- 水分
- 角層細胞

細胞間脂質は水となじみやすい部分と、油となじみやすい部分の両方をもっています。角層の中で、細胞間脂質が規則正しく並び、さらに水分と油分が何層にも重なりあって（ラメラ構造）、強力なバリア機能と水分保持機能を果たしています。

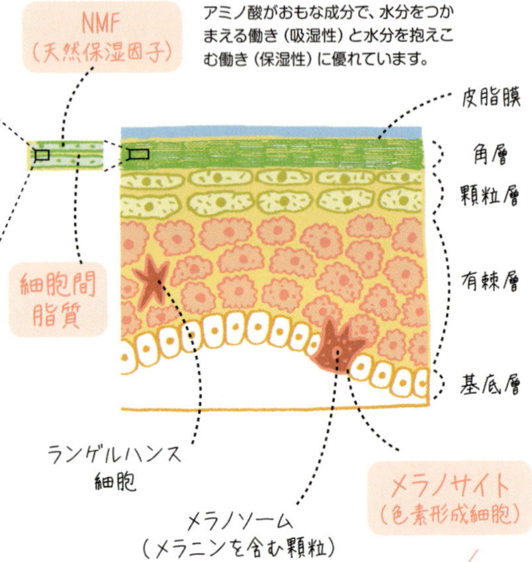

NMF（天然保湿因子）
アミノ酸がおもな成分で、水分をつかまえる働き（吸湿性）と水分を抱えこむ働き（保湿性）に優れています。

細胞間脂質

表皮の層：
- 皮脂膜
- 角層
- 顆粒層
- 有棘層
- 基底層

- ランゲルハンス細胞
- メラノソーム（メラニンを含む顆粒）
- メラノサイト（色素形成細胞）

【 メラニンができるまで 】

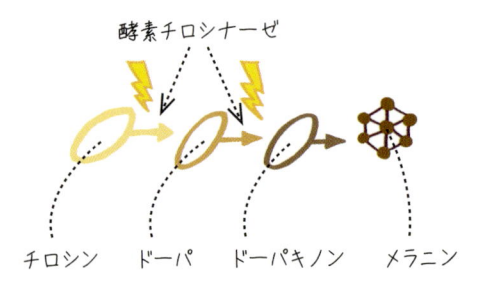

酵素チロシナーゼ

チロシン → ドーパ → ドーパキノン → メラニン

メラノサイト（色素形成細胞）とは？

基底層の細胞の間には、樹枝状突起をもったメラノサイト（色素形成細胞）が点在しています。メラノサイト内にはメラノソームというラグビーボールのような形の袋があり、その中でメラニンはつくられ、周りの細胞に送りこまれます。メラニンが生成されるメカニズムは、肌が紫外線などの刺激を受けると「メラニンをつくれ」という情報をメラノサイトへ伝え、メラノサイト内で酵素チロシナーゼが活性化します。チロシナーゼがチロシン（アミノ酸）をドーパ、ドーパキノンへと酸化させます。ドーパキノンは反応性が高いため、自動的に酸化が進みメラニンになります。

検定POINT

皮脂と汗の役割

皮脂は昔から皮膚表面に膜をつくることで、肌表面からの水分の蒸発を防いでいると考えられてきました。この皮脂膜は皮脂の成分とともに汗の成分である乳酸やアミノ酸なども含まれています。皮脂のバリアとしての役割はあまり高くありませんが、皮脂が少ないと肌が乾燥しやすいことも事実です。汗は肌に直接水分を補給するという意味で、肌をよい状態に保つために必要です。皮脂と汗、どちらも肌表面の柔軟性を保ち、保護作用を高めるために重要な役割を果たしています。

基底膜について

表皮と真皮をつなぐ

基底膜は表皮と真皮の境目に存在するわずか 0.1 ミクロン（1mmの1万分の1）の薄くて繊細な膜です。表皮の生まれ変わりを順調に維持するための情報伝達をしたり、表皮と真皮の間の栄養物、老廃物など移動の調節にかかわる大切な働きをしています。また、若い皮膚の表皮と真皮ははっきりとした凹凸状にかみあって、しっかりくっついていますが、基底膜はこの表皮細胞の接着の足場になっている膜であり、表皮と真皮を接着させる役割をしています。さらに、リンパ球や神経線維など特殊な細胞を除き、ほかの細胞が通りぬけられないため病原菌などの進入を防ぐ役割もしています。

検定 POINT

【基底膜の働き】

栄養物　老化物　情報伝達物質

→ 表皮
基底膜（接着機能）
← 真皮

〈 基底膜の年齢による変化 〉

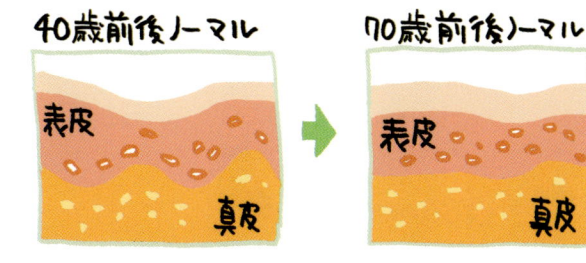

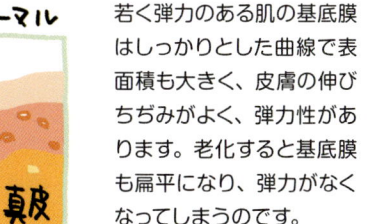

40歳前後ノーマル → 70歳前後ノーマル

表皮／真皮

若く弾力のある肌の基底膜はしっかりとした曲線で表面積も大きく、皮膚の伸びちぢみがよく、弾力性があります。老化すると基底膜も扁平になり、弾力がなくなってしまうのです。

肌のハリと弾力を保つ

検定POINT

真皮のしくみ

真皮全体の**約70%**は**コラーゲンとよばれる線維**が占めています。**このコラーゲン線維を結合しているのが、もうひとつの線維であるエラスチン線維**です。そして、コラーゲン線維とエラスチン線維の骨組みの間を埋めているのが、ヒアルロン酸などのゼリー状の物質になります。コラーゲン線維やエラスチン線維、ヒアルロン酸などの真皮を構成している成分を生みだす役割をしているのが、線維芽細胞です。

〈 各成分の役割は？ 〉

肌のプラットホーム

乳頭層（にゅうとうそう）

乳頭には**毛細血管やリンパ管、神経などが通っています**。表皮の基底細胞に**栄養を与えたり、皮膚の構造を維持する**役割を果たしています。乳頭層にもコラーゲン線維、エラスチン線維があります。

肌の弾力

網状層（もうじょうそう）

真皮上層にある乳頭を除いた真皮の大部分を占める層です。**線維芽細胞が皮膚の重要な構成成分である線維（たんぱく質）をつくっています**。この線維の大部分は組織の形を保つ大きな線維（コラーゲン線維）で、網目状に並んでいることから網状層とよばれています。

- 基質
- コラーゲン線維
- エラスチン線維
- 線維芽細胞

〈肌のハリや弾力を司る真皮内成分〉

若いうちは、線維芽細胞がコラーゲン線維やエラスチン線維、ヒアルロン酸などを順調に生みだしています。年齢とともに線維芽細胞は減ったり、働きが衰えたりするため、年齢を重ねるにつれてハリや弾力がなくなります。すなわち、**線維芽細胞のコラーゲン線維やエラスチン線維、ヒアルロン酸などを生みだす能力が低下**しているというわけです。**紫外線や酸化、糖化などの影響でも、コラーゲン線維やエラスチン線維が変性し、しわやたるみが加速**してしまいます。

線維芽細胞が活発に働いてハリや弾力をキープ

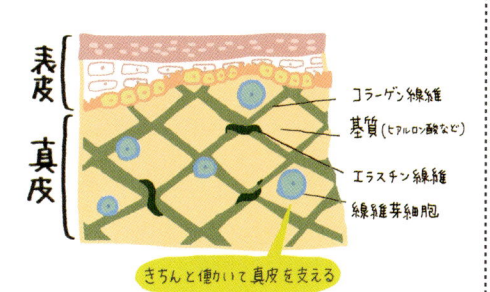

（表皮／真皮の図）
- コラーゲン線維
- 基質（ヒアルロン酸など）
- エラスチン線維
- 線維芽細胞

きちんと働いて真皮を支える

↓

真皮が老化するとしわやたるみの原因に

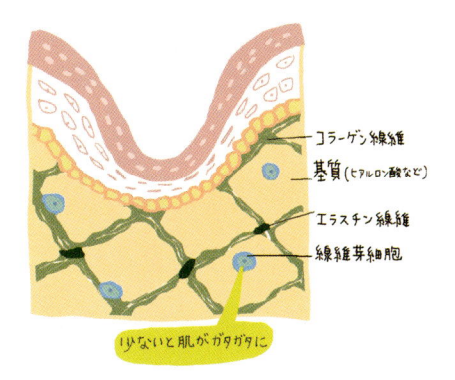

（老化した真皮の図）
- コラーゲン線維
- 基質（ヒアルロン酸など）
- エラスチン線維
- 線維芽細胞

少ないと肌がガタガタに

下が老化した線維の状態。古くなったゴムのように弾力を失い、表皮を支えきれなくなり、しわやたるみの原因となります。コラーゲン線維が有名ですが、大切なのはコラーゲン線維だけではありません！

肌の母親的存在 — 線維芽細胞

真皮のところどころにあり、**コラーゲン線維、エラスチン線維、基質をつくりだしています**。また、自らも分裂し、新しい線維芽細胞を生みだします。さらに、古くなった線維や基質内の成分も分解します。線維芽細胞が機能を果たすためには、**血液から栄養補給が十分であること**が必要です。外界の刺激や表皮に加わる影響を間接的に受けることによって乱れます。

肌の弾力を生む線維 — コラーゲン線維

コラーゲン線維は**真皮に存在する線維（コラーゲン線維＋エラスチン線維）の約90％を占める丈夫なたんぱく質の線維**です。外からの力（衝撃）から保護すると同時に、皮膚にしなやかさや弾力を与えています。加齢や紫外線などさまざまな影響によって衰えます。

線維を束ねるゴム — エラスチン線維

やわらかいたんぱく質の線維で、**コラーゲン線維の継ぎ目部分や基底膜へも垂直に伸びています**。コラーゲン線維同様、内部を保護すると同時に、**皮膚にしなやかさや弾力を与えます**。

肌のクッション — 基質

線維と線維の間を満たすゼリー状の物質で皮膚にハリや弾力をもたらす役割をします。基質はヒアルロン酸（1gで6ℓの水分を保持できる）などの保湿作用をもつムコ多糖類のほか、たんぱく質やビタミンなどが溶けこんでいます。

皮膚の付属器官

皮膚には皮脂腺や汗腺などの特殊な構造の働きをもつ器官があります。これらは皮膚の付属器官とよばれています。それらの付属器官についても知っておきましょう。

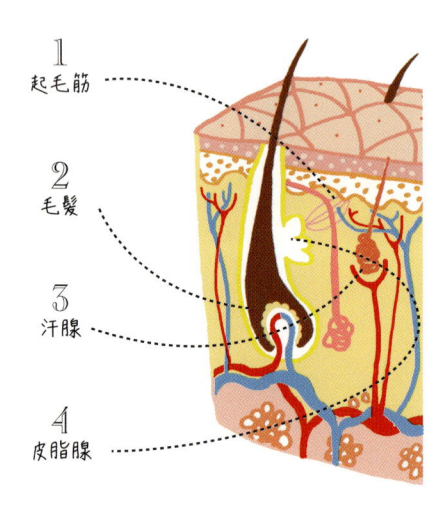

1 起毛筋
2 毛髪
3 汗腺
4 皮脂腺

1　起毛筋（立毛筋）

寒いときやぞっとしたときに収縮して鳥肌を立てます。

2　毛髪

毛幹
皮膚の外に出ている部分を毛幹といいます。

毛根
皮膚の内部に入っている毛の根元部分で、毛包という袋に包まれています。

毛包
毛穴の奥にあり、毛根を包む袋状の上皮組織。

3　汗腺

汗を分泌する汗腺には、エクリン腺とアポクリン腺があります。
エクリン腺…真皮内に独立して存在していて、唇などの一部を除きほぼ全身に分布しています。エクリン腺からの汗の成分は、99％が水分で、そのほかに塩分やごく少量の尿素、乳酸などが含まれており、ほとんど無臭で弱酸性です。
アポクリン腺…毛包に付属している汗腺で、わきの下など身体のごく一部に限られています。アポクリン腺からの汗は本来無臭ですが、含まれている少量のたんぱく質が皮膚表面の細菌によって分類され、特有のにおいを発します。

4　皮脂腺

皮脂腺は毛包についています。毛が生えているところにはどこにも分布していますが、手のひら、足の裏には毛孔自体がないので、必然的に皮脂腺はありません。身体の中では、頭・顔・胸・背中・手脚の順で多く分布しています。皮脂の分泌量は、全身で1日平均1〜2gですが、季節や年齢、環境などによって変化します。

3 表皮のターンオーバー

正常な表皮は約28日間で生まれ変わるといわれています

表皮の生まれ変わりは**約28日間が理想的**といわれており、その速度は早すぎても遅すぎても問題があります。また、この期間は部位や年齢により異なります。
基底層では基底細胞の分裂によって細胞が新しくつくられ、有棘細胞から顆粒細胞へと次々に形を変えながら、約2週間で角層に到達します。そして、この角層にさらに約2週間とどまって皮膚を保護するために働き、役目が終わるとアカとなってはがれていきます。この**表皮の生まれ変わりをターンオーバー**とよんでいます。

ターンオーバーの周期

カウンセリング時には単純化したほうがわかりやすいので「表皮の生まれ変わりは約28日が理想的」と説明をすることが多いです。実際にはさまざまな研究データが存在し、それらの数値にはばらつきがみられます。

検定POINT ターンオーバーの乱れ

【年齢による乱れ】
ターンオーバーは年齢による表皮の生理状態で変化し、加齢とともに基底細胞自体の機能が低下するため、年齢とともに遅くなるといわれています。

【紫外線・肌あれによる乱れ】
紫外線によるサンバーンや、肌あれを起こしている場合には、ダメージを早く回復しようとしてターンオーバーのサイクルは早まります
(過度の洗顔をすれば、年齢に関係なくサイクルは早まる傾向にあります)。

〈 理想的な表皮のターンオーバーのしくみ 〉

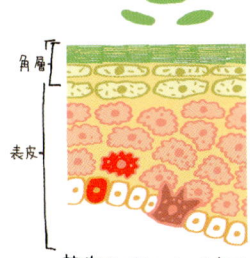

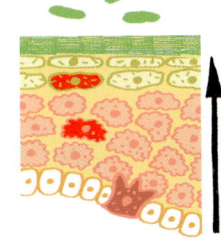

基底層で細胞ができる　　約14日間で角層へ　　さらに約14日間ではがれ落ちる

約14日間
約14日間

PART I 皮膚・肌について知ろう

4 皮膚の機能

体内の保護以外にも、さまざまな役割をになっています

　皮膚はさまざま役割をになっています。たとえば、冷たいものに触れたとき「冷たいっ！」と感じるのも、皮膚に知覚作用があるから。また、暑さや寒さに対応して体温を調節するのも皮膚の働きのひとつです。ここでは皮膚の大切な6つの作用を覚えましょう。

知覚作用【感じる】

肌に物が触れたときに身体に警戒を伝える作用です。知覚の種類は、温覚・冷覚・触覚（圧覚）・痛覚がおもなもので、1平方センチメートルにつき温点0〜3、冷点6〜23、触点25、痛点100〜200が皮膚に散在しています。つまり、痛覚がもっとも敏感で、温覚が最も鈍いのです。

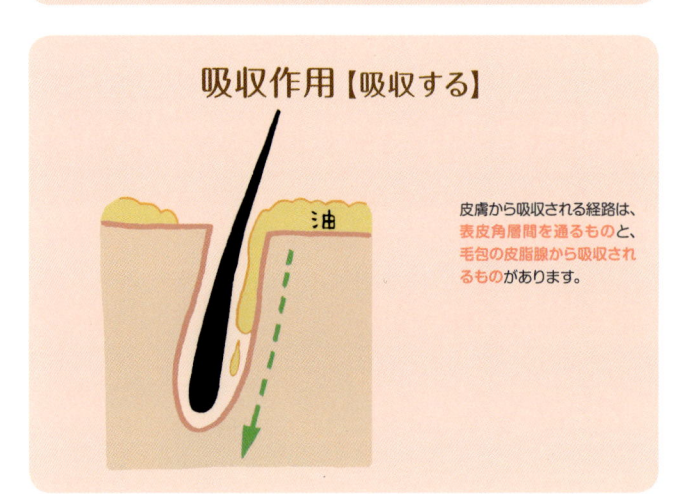

吸収作用【吸収する】

皮膚から吸収される経路は、表皮角層間を通るものと、毛包の皮脂腺から吸収されるものがあります。

PART 1 皮膚・肌について知ろう

保護作用【保護する】

皮膚自体には、外界の刺激から身体内を保護する作用があります。病原菌や化学物質などが体内へ侵入するのを防ぎます。外部の圧力に対しては、真皮のコラーゲン線維、エラスチン線維、皮下脂肪がスポンジの役割をして身体への刺激をやわらげます。

体温調節作用【体温を調節する】

身体の表面を覆っている皮膚は熱を通しにくく、体温が外に逃げだすのを防ぐ役割を果たしています。しかし、体温が上昇してくるとその熱を身体の外に放出するために、皮膚に200万近く分布している汗腺（エクリン腺）が発汗し、体温を下げる働きをしています。

分泌排泄作用【分泌して排泄する】

皮膚の中から皮脂と汗を分泌する作用です。皮脂は汗とともに皮脂膜を形成して、肌の乾燥を防いで角層を柔軟に保つ働きをしています。

表現（表情）作用【表現する】

精神状態が肌に表れることを表現作用といいます。驚いて顔面が蒼白になったり、頬が紅潮したりするのは、毛細血管の一時的な収縮や弛緩の結果によるもので、精神的反応が末梢血管に表れたことによるものです。

検定 POINT

じつは紫外線から肌を守る役割をしているメラニン

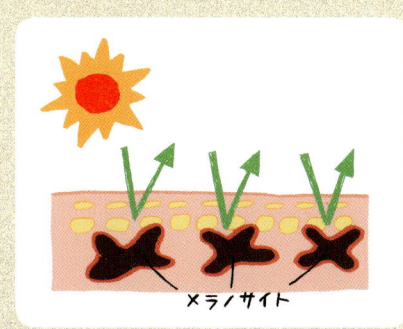

そもそもメラニンは、なぜつくられるのでしょう？　肌が紫外線を浴びると、皮膚の中では炎症がおき、これによりメラニン生成の原因となる酵素チロシナーゼが増えます。その結果、メラノサイトも増え、メラニンをたくさんつくりだします。これは紫外線に対する肌の防御機能なのです。紫外線によるダメージが皮膚の内部まで届かないようにするために、肌表面に紫外線を遮断する黒い色素であるメラニンをつくるのです。メラノサイトでつくられたメラニンは、肌表面へと移動し、最後にアカとなってはがれおちます。

PART.2

肌の手入れと正しい知識

Care and Knowledge

正しいスキンケアを行うには、

まず肌の基礎知識を知ることが大切です。

毎日スキンケアをしているのに、なかなか肌がキレイに

ならないのは漠然と行っているからではないでしょうか。

より効果のあるアプローチ方法でお手入れをしなければ、

いつまでたっても健康な肌にはなりません。

肌の中の組織がどうなっているのかを知っておくと、

化粧品がどう効いていくのかもわかり、

ケア用品選びもスムーズになります。

PART.2では美肌への第一歩として、

肌について正しい知識を身につけましょう。

1 肌を劣化させるさまざまな要因

これさえ知っておけば美肌への近道

皮膚に悪影響を与える原因は、おおまかに分けて2つ。肌がさらされている**外からの刺激**からくる**外的要因**と、**身体の調子**からくる**内的要因**があります。本来なら肌は外からの刺激に対して防御し、排出する機能を備えています。ですが、外的要因、内的要因が加わることでその防御力も低下し、さらに刺激を受けやすくなってしまいます。ここでは、肌に悪影響を与えるおもな要因について解説します。

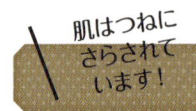

外的要因 〈検定POINT〉
肌はつねにさらされています！

〈 1. 乾燥 〉

肌老化を促進するものこそ、乾燥です。肌が乾燥すると角層の水分量が減少し、光の反射量が低下して**肌がくすんで見えます**。また乾燥して肌表面が硬くなると、手触りもごわつき、化粧ののりも悪くなって**小じわの原因**になります。さらに、真皮の構造がくずれると、小じわがしだいに大きく、深くなって、大じわへと変化していきます。

【 乾燥がもたらす肌の劣化 】

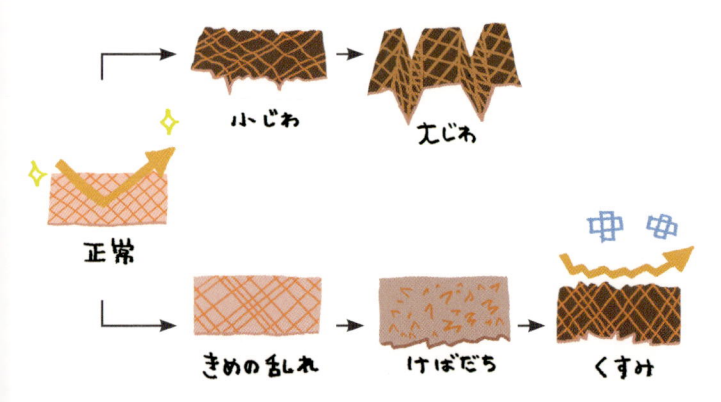

正常 → 小じわ → 大じわ

正常 → きめの乱れ → けばだち → くすみ

※肌を真上から見た時の肌表面のイメージ図です。

〈 2. 酸化 〉

「酸化」とは酸素が何かと結びつく働きのこと。鉄がさびたり、りんごの切り口が茶色に変色することも「酸化」なのです。これと同じような状態が、肌の上でも起こっているのです。**フリーラジカルの攻撃を受けると皮脂が酸化し、過酸化脂質（肌のさび）へと変化**します。これがニキビの原因になることが。また、真皮の**コラーゲン線維などが活性酸素に攻撃されると、ハリ、弾力が低下**してしまいます。いったん酸化が始まると、次々と連鎖反応で広がってしまいます。

フリーラジカルとは？

フリーラジカルとはペアのいない電子をもった原子や分子のこと。ペアをつくるため、**ほかの分子から電子を強引に奪いとろうとします**。大気汚染やオゾン層の破壊による紫外線の増加などにより、このフリーラジカルが非常に発生しやすくなっています。電子を奪いとられた分子を「**酸化**」されたといいます。

活性酸素とは？

酸素は人間にとって欠くことのできないものですが、この**酸素が体内で変質し、フリーラジカル化したもの**。酸素を含む物質の中で、とくに活性が強いため、健康な細胞を破壊してしまう有害な分子なのです。同じ活性酸素の中でも、過酸化水素などはペアがいる電子なのでフリーラジカルではありません。

活性酸素を発生させる原因

活性酸素はさまざまな要因により発生します。下のイラストのように**食生活、過度なストレス、紫外線や大気汚染、車の排気ガス、また無理なスポーツ**も要因のひとつです。

〈 3. 紫外線（光老化）〉

米国皮膚科学会では、**老化の約 80％が紫外線（光老化）**が原因と考えられています。紫外線によるダメージは、真皮にまで到達。シミ・そばかすだけではなく、ハリや弾力まで奪いとってしまいます。肌の水分が急激に奪われることで肌が乾き、かさつき、くすみ、小じわやたるみの原因にも。さらに身体全体の免疫力を低下させるといわれています。

※詳細は「紫外線が肌に与える影響」の章（P36）をご覧ください。

検定POINT 体調、ストレス、身体の内側からもたらされる肌への影響

内的要因

〈 1. 加齢（生理的変化）〉

加齢とともに細胞の働きは弱まり、皮膚全体の活性が低下します。表皮では細胞間脂質やNMF（天然保湿因子）が十分につくられなくなると、バリア機能や水分保持機能が低下。角層はごわごわした感じになります。真皮では水分を保つヒアルロン酸や、肌弾力を保つコラーゲン、エラスチンなどをつくりだす能力が衰えます。これが肌のハリの低下、しわやたるみの原因となります。また、増えすぎた活性酸素を取り除く酵素（SOD）の量は、30代以降になると減少します。20～30代から乾燥による小じわが急増、40～60代では深いしわが目立つ傾向に。

〈 2. 栄養バランス 〉

不規則で偏った食事は、体調不良や免疫低下を招き、肌状態を悪化させます。とくにカフェインやお酒などの嗜好品は適度ならよいですが、どちらも神経興奮物質で中毒性もあるため、適量を越さないことが大事。バランスのよい食事を心がけ、良質のたんぱく質と食物繊維、ミネラル、ビタミンなどをまんべんなく摂取し、油分と糖分のとりすぎに注意しましょう。

〈 3. 代謝不調 〉

内臓機能の不調は肌にもさまざまな変化をもたらします。

血行不良

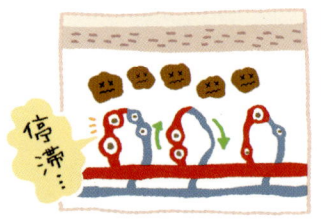

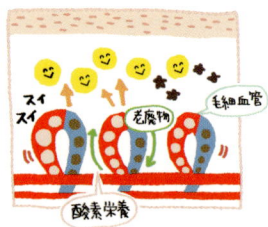

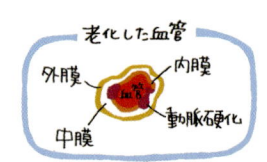

血管の壁はコラーゲン線維などのたんぱく質でできているため、加齢とともに血管は硬くもろくなり、血行が悪くなります。また、血液は筋肉が動いて収縮するときに勢いよくめぐるので、筋力が落ちることも血行不良の原因に。その循環が悪くなると、肌に栄養が行き届かず、ハリ、弾力の低下、肌の黄ぐすみの原因になります。さらに心臓病や高血圧などの病気も引き起こしやすくなります。

腎臓

腎臓の働きが弱っていると、むくみやすくなります。

肝臓

肝臓の働きが悪いと皮膚があれたり、肌の色がくすんだりします。

〈 4. ストレス・疲労 〉

外からの有害な刺激「ストレッサー」によって引き起こされる身体の変化が「ストレス」です。おもなストレッサーは、次の4つに分けられます。

ストレスを引き起こす4つのストレッサー

① **物理的なもの** 　　騒音や暑さ、寒さなど
② **化学的なもの** 　　嫌なにおいなど
③ **生物学的なもの** 　細菌、ウイルスなど
④ **社会学的なもの** 　人間関係の悩み、経済的な悩みなど

私たちには、自ら健康を維持するためにバランスを保とうとする力「ホメオスタシス」が備わっています。この自然の力は、脳がコントロールセンターとなり「内分泌系」「神経系」「免疫系」の3つのしくみが相互に関連しあって機能しているといわれています。過剰なストレスがかかると脳の指令が乱れ、ホメオスタシスも乱れると考えられています。

内分泌系

内分泌系は肌にも影響を与えています。たとえば副腎皮質刺激ホルモン（ACTH）はメラノサイトのメラニン産生を促すといわれています。女性ホルモンである卵胞ホルモンと黄体ホルモンもメラニン産生を促すといわれていますが、肌の部位により差があります。また、ストレスによるホルモンの変調によってもシミができるといわれています。

神経系

ストレスを過度に受けると、リラックス状態を司る副交感神経よりも、交感神経が多く働くようになります。一般的に交感神経が優位になると、心拍数を増加させ、血管を収縮させて血流を悪くし、発汗を促進。消化活動が抑制されるなど、体調の悪化となってあらわれます。

免疫系

自律神経と免疫は深い関係にあります。交感神経優位がつづきすぎると炎症しやすい状態になり、副交感神経優位がつづきすぎるとアレルギー症状が出やすくなるといわれています。

〈 5. ホルモン 〉

検定POINT

加齢とともに、若さを保つ2つのホルモンの分泌が減少します。ひとつめの**卵胞ホルモン（エストロゲン）**は**卵巣から分泌**され、肌の弾力を保つコラーゲンを増やし、肌の水分を保持する作用があります。しかしこの卵胞ホルモンは、**30代から徐々に減少**し、肌老化が加速するといわれています。もうひとつが**成長ホルモン**。**脳下垂体から分泌**されます。子どもの成長には欠かせないホルモンで、大人では肌を含めた**組織の修復**をする重要な役割をになっています。この成長ホルモンは起きているときには分泌が抑えられているため、睡眠が大切です。さらに、女性にとって悩ましいものとして肌に不調をもたらす「**黄体ホルモン（プロゲステロン）**」があげられます。**生理前に分泌**されるもので、皮脂分泌を増やしニキビをできやすくさせるといわれています。イライラしたり、むくみのもとになるのもこのホルモンなのです。女性はよくも悪くも、ホルモンの影響を大きく受けているのです。

ホルモンは脳からの指令で分泌されます！

成長ホルモン分泌の流れ

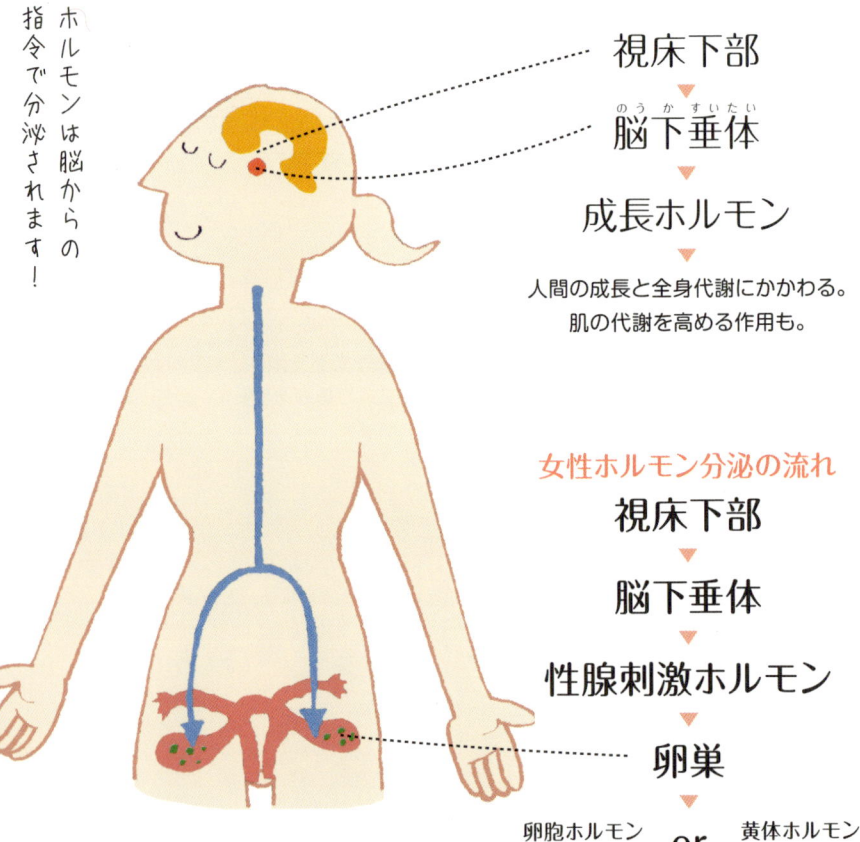

視床下部
▼
脳下垂体（のうかすいたい）
▼
成長ホルモン

人間の成長と全身代謝にかかわる。
肌の代謝を高める作用も。

女性ホルモン分泌の流れ

視床下部
▼
脳下垂体
▼
性腺刺激ホルモン
▼
卵巣

卵胞ホルモン（エストロゲン） or 黄体ホルモン（プロゲステロン）

〈 月経（生理）周期とホルモンの関係 〉

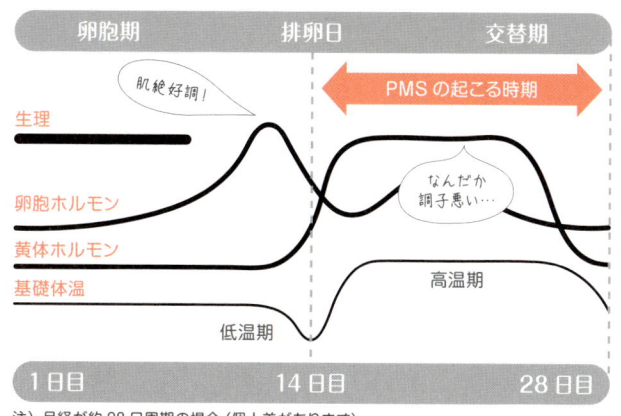

| 卵胞期 | 排卵日 | 交替期 |

「肌絶好調！」

PMS の起こる時期

生理
卵胞ホルモン
黄体ホルモン
基礎体温

「なんだか調子悪い…」

高温期
低温期

1日目　14日目　28日目

注）月経が約28日周期の場合（個人差があります）。

卵胞ホルモン（エストロゲン）と黄体ホルモン（プロゲステロン）の分泌量が**約28日周期**で変化し、それに伴って生理になったり、妊娠しやすい時期がきたりします。肌の調子もこのホルモンの分泌によって左右されがちです。**PMS**とは、**月経前症候群**といわれ、排卵後から月経直前にかけて体調不良や肌あれ、精神的不安定などの症状が出るものです。個人差はありますが、**排卵後から約14日間が起こりやすい時期**です。

〈 女性ホルモンの特徴や作用 〉

	卵胞ホルモン（エストロゲン）	黄体ホルモン（プロゲステロン）
特性	月経（生理）後に増えてきます。妊娠にむけて卵胞の発育や子宮内膜を厚くします。骨形成にも重要な働きをします。	排卵後から増えてきます。受精卵が着床しやすい状態になるように働きます。基礎体温を上昇させたり、体内の水分を保持する働きもあります。
肌や髪への作用	コラーゲンなどを増やして**肌にハリを出します**。毛髪も健康的に保ちます。	皮脂分泌が活発になり、**ニキビの原因**になることも。
その他の作用	エストロゲンは美肌に大きく影響したり、抗酸化作用を強めるともいわれているため、エストロゲンだけあればいいと誤解されがちですが、実際には**プロゲステロンとのバランスが大切**です。	

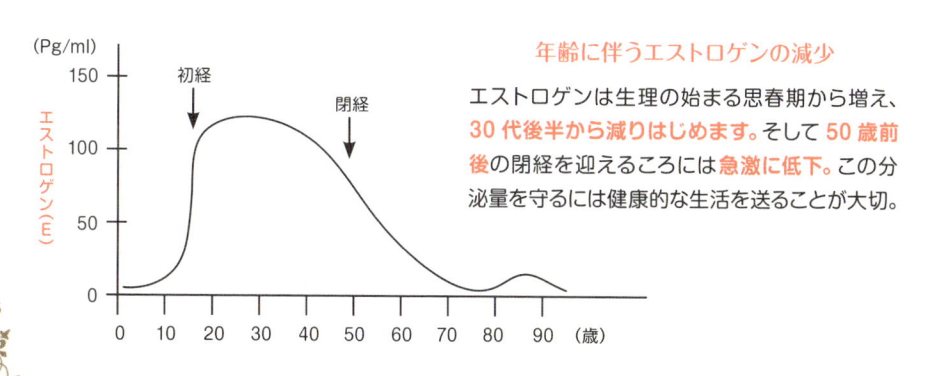

年齢に伴うエストロゲンの減少

エストロゲンは生理の始まる思春期から増え、**30代後半から減りはじめます**。そして**50歳前後**の閉経を迎えるころには**急激に低下**。この分泌量を守るには健康的な生活を送ることが大切。

（Pg/ml）
エストロゲン(E)
初経　閉経

PART 2　肌の手入れと正しい知識

2 正しい知識で完全ガードしたい 紫外線が肌に与える影響

肌にもっとも悪い影響をおよぼすのは紫外線です。米国皮膚科学会では、老化の約80％が紫外線（光老化）による影響だと考えられています。紫外線を浴びると、皮膚の中で活性酸素が発生します。活性酸素は細胞にダメージを与えて活動を弱めるとともに、コラーゲン線維、エラスチン線維などを分解する酵素の産生を促進します。その結果、肌が乾燥したり、しわやたるみを生じやすくなります。そのため、紫外線は肌の老化を促進することになります。

検定POINT 肌に影響する紫外線の種類

太陽は波長の異なるガンマ線、X線、紫外線、可視光線、赤外線を放出しています。その中でも紫外線は紫外線A波、紫外線B波、紫外線C波の3つに分かれています。

紫外線A波（UV-A）＝長波長紫外線（320〜400nm）
紫外線B波（UV-B）＝中波長紫外線（280〜320nm）
紫外線C波（UV-C）＝短波長紫外線（280nm以下）

※データは化粧品工業連合会より

〈太陽光線と紫外線〉

有害である一番波長の短い紫外線C波と、次に短い紫外線B波の一部はオゾン層に吸収されるため地表には届きません。

オゾン層（地上20〜25km）
地表に届かない
290nm 400nm 780nm
ガンマ線 X線 紫外線 可視光線 赤外線
6% 52% 42%
280nm
290nm 320nm 400nm
C紫外線 B紫外線 A紫外線
0.5% 5.5%
地表に届かない紫外線　地表に届く紫外線

※nm（ナノメーター）波長の単位。
1nm＝10億分の1m
（100万分の1mm）

波長が短い　　　波長が長い

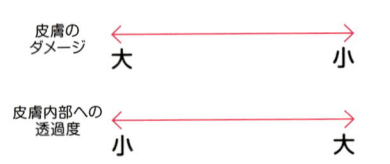

皮膚のダメージ　大 ⇔ 小
皮膚内部への透過度　小 ⇔ 大

波長が短くなるほど皮膚への影響が大きくなってきます。

検定POINT 紫外線により肌はどうなる？

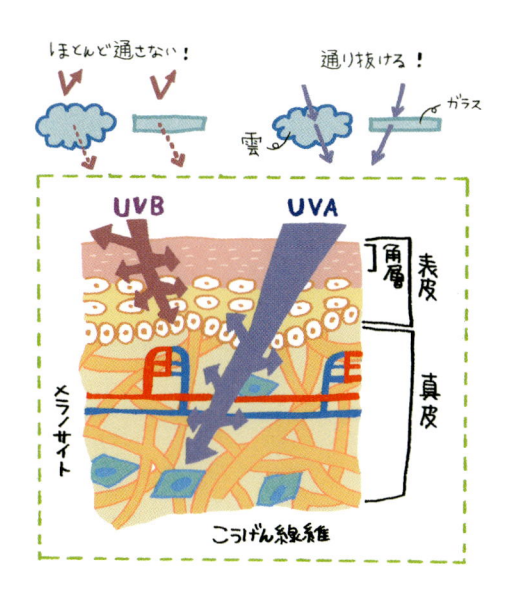

（図：ほとんど通さない！／通り抜ける！／雲／ガラス／UVB・UVA／角層・表皮・真皮／メラノサイト／こうげん線維）

生活紫外線
UV-A がもたらす影響

波長の長い紫外線A波は真皮中層にまで到達します。日常の生活（買い物や洗濯物干し）のなか、知らず知らずのうちに長い間浴びつづけることで、皮膚への影響＝サンタン（皮膚の黒化）を起こし、真皮内の線維質を変性させ、しわ・たるみの原因に。

レジャー紫外線
UV-B がもたらす影響

おもに表皮に作用し肌が黒くなり乾燥、しわ、肌あれに。そのほとんどが散乱、吸収しますが、その働きは急激で、皮膚を赤く（＝サンバーン）させ、細胞の遺伝子に傷がつきます。角層の一部がむけ肌が乾燥します。肌の赤みが引いたあとにメラニンが生成され、シミになる場合もあります。肌が黒くなり（＝サンタン）、肌がごわついたり、角層中の水分が減少し、肌あれ状態にも。

サンバーン

日焼けで赤くなること。UV-Bによるもので、紫外線を受けた部分が赤く炎症を起こし、ひどい場合は水疱（やけどと同じ状態）ができます。紫外線を受けてから8〜24時間でピークに達し、炎症は数日間つづきます。サンバーンを起こすほどの日焼けは、遺伝子の損傷も伴い、サンバーンを繰り返すと皮膚がんの要因にもなるので注意が必要です。

サンタン

日焼けで黒くなること。UV-AとUV-Bの両方によるもので、紫外線照射約72時間後からメラニン生成が始まり、1カ月以上つづくこともあります。生成されたメラニンは、皮膚のターンオーバーとともに数カ月かけて排泄されていきますが、排泄しきれずに残るとシミになります。また、繰り返し紫外線を浴びるとメラノサイトの数自体が増え、より肌は黒くなり、またシミだけでなくほくろができることも。

コスメの素朴なギモン

日傘は黒がいいの？　それとも白？　目に紫外線が入るってほんと？

紫外線を気にするなら日傘はだんぜん黒。実際、色によって紫外線からガードする力に差があるのです。白よりも黒い日傘のほうが、紫外線を吸収します。白は紫外線を乱反射させるため、傘の下まで届いてしまうのです。目にも紫外線は吸収されるといわれているため、UVカット効果のあるコンタクトレンズやサングラスは有効ですね。

PART 2 肌の手入れと正しい知識

検定POINT

季節や天候で紫外線量が異なる！

紫外線の強さや量は地域、季節、天候、そして一日のなかでも時間帯により大きく異なります。

表2　天気ごとのUV量

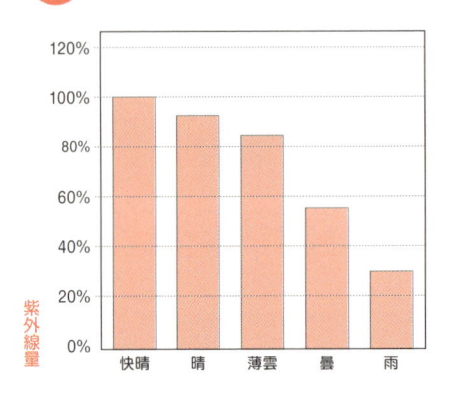

（棒グラフ：紫外線量）
- 快晴：100%
- 晴：約93%
- 薄雲：約85%
- 曇：約55%
- 雨：約30%

表1　月ごとのUV-AおよびUV-B量

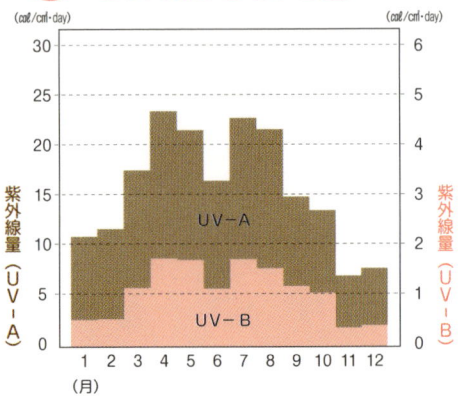

（cal/cm²・day）

左軸：紫外線量（UV-A）　右軸：紫外線量（UV-B）
横軸：1〜12（月）

雲は太陽光を遮るため、雲量や雲の状態など天気の変化も紫外線量に大きな影響を与えます。快晴の日のUV量を基準とし、天気ごとの相対的な割合を示した上の表から、晴れであれば快晴の場合と量はほとんど同じであることがわかります。また、**ほぼ全天を雲が覆っていても、薄曇りの場合、快晴時の約8〜9割のUV量があり、曇りの場合は快晴時の約6割に**。さらに雨の場合には、快晴時の約3割まで減ります。なお雲の状態によっては雲が多くても日差しを受けていれば、快晴の場合よりもUV量が多くなることもあります。

UV-Aの強度は4月〜9月まで強い時期がつづきます。しかし冬も4月〜9月の2分の1から3分の1はあり、**UV-Bに比べUV-Aは冬の弱まり方も少ないことがわかります**。1日の紫外線量の月平均についても、UV-Bより梅雨の影響が少なく、5月〜8月でほぼ一定の値。つまり、**UV-Aは一年じゅう気をつけなければなりません**。

※1981年横浜　積算照度計PH-11M-2ATで計測

紫外線は地表面で反射する

紫外線には①太陽から直接届く紫外線、②空気に散乱されて届く紫外線、③地表面で反射される紫外線の3パターンがあります。

〈地表面の状態による反射率〉

新雪	80%
砂浜	10〜25%
アスファルト	10%
水面	10〜20%
草地・土	10%以下

（図：直射光・散乱・散乱光・反射光・反射）

検定POINT サンケア指数（SPF・PA）

UVケア化粧品には肌への影響のある紫外線（UV-A、UV-B）を防ぐ効果をわかりやすく示した「サンケア指数（SPF・PA）」があります。

SPF

SPF＝Sun Protection Factorの略で**UV-Bの防止効果**を表す数値です。**赤くなってヒリヒリする日焼け（サンバーン）を起こすまでの時間を何倍にのばせるか**の目安です。

SPF値の意味

たとえば25分で赤くなる普通肌の人がSPF24のUVケア化粧品を使う場合、塗らなかったときの約24倍の時間（約10時間程度）、肌が赤くなることを防ぐという目安になります。

$$25分 \times SPF24 = 600分 = 10時間$$

〈目安〉何も塗らない状態では、日本人の場合、真夏の晴れた海浜では色白の人で約20分、普通肌の人で約25分、色黒の人なら約30分でサンバーンを起こすといわれています。

PA

PAとはProtection Grade of UV-Aの略でUVAPF（UVA Protection Factor of a Productの略）の値を目安に＋の数で**UV-A防止効果**を表したものです。UV-A照射後、2～24時間に生じる**皮膚の即時黒化を指標**したもの。

分類表示	効果の度合い	UVAPF
PA＋	効果がある	2以上4未満
PA＋＋	かなり効果がある	4以上8未満
PA＋＋＋	非常に効果がある	8以上16未満
PA＋＋＋＋	極めて高い効果	16以上

$$UVAPF = \frac{製品を塗った皮膚がすぐに黒くなる紫外線の量}{製品を塗らない皮膚がすぐに黒くなる紫外線の量}$$

コスメの素朴なギモン

適切な日焼け止めを選ぶために

同じ環境下でも紫外線に対する反応は肌によってさまざまです。UVケア化粧品の選び方にはその場所の紫外線の強さ、浴びる時間、時間帯などを確かめる必要があります。商品に表示してあるSPF・PA指数を目安に選びましょう。高いSPF、PAのものを塗ったからといって一日じゅう安心ではありません。**日焼けしたくない場合は十分な量を肌にムラなくのばし、少なくとも2～3時間おきを目安に一日何度か塗り直すことが大切**。

〈生活シーンに合わせたUVケア化粧品の選び方〉

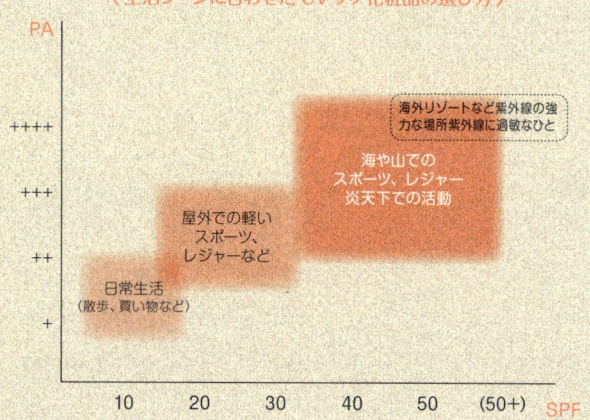

- 日常生活（散歩、買い物など）：SPF10～20 / PA＋
- 屋外での軽いスポーツ、レジャーなど：SPF20～30 / PA＋＋
- 海や山でのスポーツ、レジャー炎天下での活動：SPF30～50 / PA＋＋＋
- 海外リゾートなど紫外線の強力な場所紫外線に過敏なひと：SPF(50+) / PA＋＋＋＋

3 肌タイプと見分け方

確実なお手入れをする前に、まずは肌分析から

肌タイプチェック

肌タイプを判断するには、以下のチャートや43ページの質問の回答から判断するのが手軽な方法。さらに詳しく調べるには、店頭カウンセリングなどで機械による判断も。頬のきめの画像や、フィルムに皮脂を吸着させたものを測定機にかけて判断します。

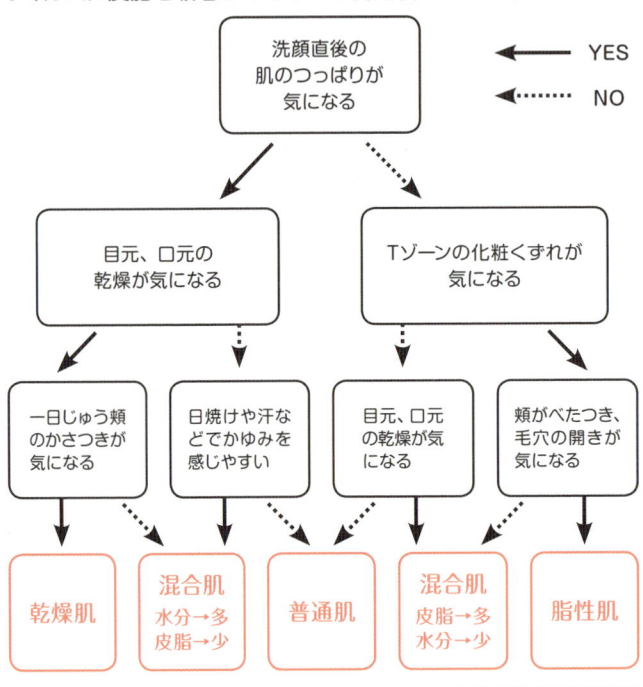

```
                    洗顔直後の
                    肌のつっぱりが      ←——— YES
                    気になる           ←······ NO
                   ↙        ↘
        目元、口元の           Tゾーンの化粧くずれが
        乾燥が気になる          気になる
        ↙      ↘              ↙        ↘
  一日じゅう頬   日焼けや汗な    目元、口元    頬がべたつき、
  のかさつきが   どでかゆみを    の乾燥が気に  毛穴の開きが
  気になる      感じやすい      なる         気になる
     ↓           ↓             ↓             ↓
   乾燥肌      混合肌         普通肌        混合肌        脂性肌
              水分→多                      皮脂→多
              皮脂→少                      水分→少
```

```
              ↑ 皮脂が多い
   脂性肌              混合肌
                      （皮脂多・水分少タイプ）
   
  水分が多い ←——— 普通肌 ———→ 水分が少ない
   
   混合肌              乾燥肌
  （水分多・皮脂少タイプ）
              ↓ 皮脂が少ない
```

肌タイプ別スキンケア

検定POINT

肌タイプの特徴とお手入れポイントをしっかり理解することで、毎日のスキンケアに取り入れると水分と皮脂のバランスを正常な状態に近づけることができ、すこやかで美しい肌を手に入れることができます。

PART 2 肌の手入れと正しい知識

	特徴	お手入れポイント
混合肌（皮脂多・水分少タイプ） 皮脂に比べて、水分が少ない。部分的に差が大きく、脂っぽいのにかさつくタイプ。	Tゾーンはべたつくのに頬はかさつく、という20代後半から30代に多い肌タイプ。水分と油分のバランスのくずれからバリア機能が低下しがちなことに加え、両極端な肌状態でいるため肌質をコントロールしにくい。	水分量が十分でない場合が多いため、保湿効果の高い化粧品でまずは水分を補う。Tゾーンには化粧水をたっぷりつけても乳液は控えめにし、逆に頬は乳液を重ねづけするなど、肌状態に合わせて調整するとよい。
脂性肌 水分も皮脂も多い。とくに皮脂が過剰でべたつきが気になるタイプ。	思春期から20代前半までに多い肌タイプ。うるおいはあるものの、毛穴詰まり、毛穴の開き、ニキビなど過剰な皮脂の汚れが原因の肌トラブルを起こしやすい。	丁寧な洗顔と引き締め効果のある化粧品で、皮脂を抑えるスキンケアを。ただし、皮脂を取り除こうと洗浄力の強いものを使いすぎると、肌の保水力まで損なうことがあるので注意。
普通肌 水分、皮脂のバランスが整っている。しっとりとした感触で、トラブルが少ないタイプ。	バリア機能も適正な状態なので、化粧品かぶれなども起こしにくい。	肌が安定しているので、新しい化粧品や美容機器を用いた集中的なスキンケアなどを試すのにも適している。
乾燥肌 皮脂が少なく、水分も少ない。自らうるおう力に欠けた、かさつきが気になるタイプ。	加齢とともに増える傾向にある肌タイプ。水分と油分のバランスのくずれからバリア機能も低下しがちなため、刺激に弱く、肌トラブルを起こしやすい。	油分も水分も足りていない状態なので、どちらもバランスよく補給すること。ただし、刺激には弱いため、新しい化粧品を試すときはパッチテストを行う。生理前を避けるなど様子を見ながら。
混合肌（水分多・皮脂少タイプ） 水分に比べて、皮脂が少ない。みずみずしく透明感はあるが、敏感に反応しやすいタイプ。	きめが細かく、うるおいはあるが皮脂が少なくデリケートな肌タイプ。季節や環境で変化しやすい。摩擦・乾燥・紫外線・汗・メイク汚れなど外からの刺激に弱く、かゆみを感じやすい。	洗顔料は肌に穏やかなものを選ぶ。また、保湿効果が高く適度に油分の入った化粧水で、バリア機能が低下するのを防ぎ、乾燥から守る必要がある。

検定POINT 季節と肌

季節によって、気温や湿度が変化することにより、肌状態にも影響が表れます。季節ごとにどんな特徴があるのかを説明しましょう。

季節	季節による肌の特徴	スキンケア
春	肌のうるおいは増すが、花粉の飛散や強風によるほこり、寒暖の不安定さ、新生活などのストレスから肌が過敏になる。	外気の汚れや老廃物をきちんと落とし、保湿を心がけ、肌のバリア機能を整える。紫外線量が増えるので、日焼け止めを取り入れる。
夏	汗の量が増え、皮脂が流れやすくニキビや化粧くずれで悩みやすい。日焼け、シミ・ソバカス、肌のごわつきなど、紫外線のダメージが強い。	日焼け止めによる肌の保護や、ニキビを防ぐ毛穴ケアはもちろん、紫外線のダメージによる水分不足にも注意する。
秋	夏の紫外線のダメージに代わり、目元・口元などのかさつきが気になりはじめるが、気温も湿度も過ごしやすく安定した季節。	夏のダメージを引きずりがちな部分を中心に美白ケア、保湿ケアを行い、肌全体の調子を整えていく。
冬	肌がかさつきやすくなり、肌あれ、乾燥によるしわが気になる。頬が部分的に赤くなることもある。	乾燥対策のため十分な保湿を心がける。気温の低下で血行が鈍くなるので、マッサージや入浴などで血液循環を高めることも大切。

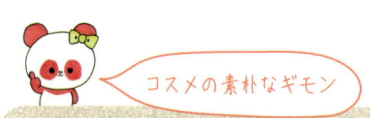

> コスメの素朴なギモン

肌タイプの思い込みはNGです！

肌タイプは一生変わらないというわけではありません。季節や生活環境でも変化するので、それに応じてスキンケア方法なども当然変わってきます。定期的に肌をチェックすることが重要です。

肌状態のチェック項目

肌の状態を判別する簡単なチェックリストです。自分以外の人の肌を判断する際にも、目安になるでしょう。肌タイプを見分けるときも使えます。

Q01. 人によく肌にツヤがないといわれますか。　　　　　　　　　いいえ・はい

Q02. 目の下のしわや表情じわが気になりますか。　　　　　　　　いいえ・はい

Q03. 一日じゅう頬のかさつきが気になりますか。　　　　　　　　いいえ・はい

Q04. エアコンのきいた室内で過ごすことが多いですか。　　　　　いいえ・はい

Q05. 肌あれを起こしやすいですか。　　　　　　　　　　　　　　いいえ・はい

Q06. 化粧品でかぶれた経験はありますか。　　　　　　　　　　　いいえ・はい

Q07. 気になる肌悩みはありますか。
　　　　　いいえ・はい（しわ　シミ　くすみ　くま　ニキビ　赤ら顔　小鼻の赤み　毛穴の開き）

Q08. 肌のハリや弾力がなくなったと感じますか。　　　　　　　　いいえ・はい

Q09. 顔全体が脂っぽく化粧くずれしやすいですか。　　　　　　　いいえ・はい

Q10. 毛穴の広がりが気になりますか。　　　　　　　　　　　　　いいえ・はい

Q11. 皮膚の表面はなめらかですか。　　　　　　　　　　　　　　いいえ・はい

Q12. 皮脂が多く、角層水分が不足していますか。　　　　　　　　いいえ・はい

Q13. Tゾーンだけの化粧くずれが気になりますか。　　　　　　　いいえ・はい

Q14. 洗顔直後に肌のつっぱりが気になりますか。　　　　　　　　いいえ・はい

※この質問の結果だけで確実に肌タイプが決まるわけではありません。

各質問に「はい」とあてはまる場合は

Q1.～Q4. 乾燥肌。Q5.・Q6. 乾燥・混合肌（皮脂が少ない）。Q7.・Q8. 44ページ「肌悩みの原因とお手入れ法」～参照。Q9. 脂性肌。Q10. 脂性・混合肌（皮脂が多い）。Q11. 脂性肌以外の可能性あり。Q12.・Q13. 混合肌（皮脂が多い）。Q14. 乾燥・混合肌（皮脂が少ない）　となります。

4 肌悩みの原因とお手入れ

悩み別の最適なお手入れ法を知ろう

悩み1　検定POINT　乾燥

一般に皮膚のうるおい（水分量）は、皮脂・NMF（天然保湿因子）・細胞間脂質という3つの保湿因子によって一定に保たれています。ところが、これら3つの保湿因子がターンオーバーの乱れや加齢などの原因で減ってしまうと、角層の水分も減少し、皮膚がひどく乾燥した状態になってしまいます。また、過度の洗顔などにより、肌の油分（皮脂や細胞間脂質）が奪われるとNMFが流出したり、水分が蒸散しやすくなり、肌は乾燥します。そこで、皮脂膜の成分に近いスクワランやNMFの成分に近いアミノ酸、細胞間脂質の成分に近いセラミドなどの保湿成分や油分がバランスよく入った化粧品で補うことが重要です。

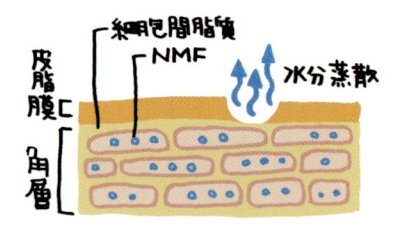

〈 代表的な保湿成分別の保湿力 〉

「肌内部の水分を抱えて離さない成分＝保湿成分」を配合した美容液でケアすることが正しい保湿。保湿力の強さ順は以下のとおりです。

水とつながる力　強い ←→ 弱い

ふたをする	はさみこむ	かかえこむ	つかむ	そそぐ
肌に入れた水分を蒸発させないようにする。	水分をはさみこむためしっかりと水分をキープする性質をもつ保湿物質。	真皮にもともとある成分が多く、角層内保湿として作用。湿度が下がっても水分はかかえこんだまま。	水分を吸収する性質があり、湿度が低いと保湿力がダウン。	角層に水分をとどける。
スクワラン ホホバ油 ワセリン	セラミド レシチン	ヒアルロン酸 コラーゲン ポリグルタミン酸	アミノ酸 NMF グリセリン	水

（成分例）

悩み2 検定POINT ニキビ

ニキビができるきっかけは、毛穴の出口の角質が厚くなり毛穴をふさいでしまうこと。その毛穴に皮脂が詰まり、それを好むアクネ菌が増えニキビになるのです。

ニキビのタイプ	原因	お手入れ方法
正常な肌	正常な皮膚は毛穴の出口が開いている。	
角質肥厚（毛穴の出口が狭くなる）	汚れを放置したり、洗顔のやりすぎによる刺激で、毛穴部分の角層が厚くなり毛穴が詰まる。またホルモンの影響もある。	しっかり保湿をおこない、バリア機能のある角層を育てる、また、皮脂が過剰な場合は、余分な皮脂を取り除くため、ニキビ肌用の抗炎症効果のある洗顔やスキンケアがおすすめ。毛穴のつまりが気になる部分に綿棒などで、AHAなどが配合されたピーリング化粧品の使用もおすすめ。
白ニキビ	毛穴の出口部分がふさがると皮脂がたまり、アクネ菌が増えます（アクネ菌は嫌気性菌です）。	
赤ニキビ	毛穴内に炎症が起こり毛穴まわりが赤く腫れる。毛穴の中や周りに白血球が集まり、アクネ菌を攻撃。	炎症を起こしてしまった状態なので、触らずに余分な皮脂だけを取り除くこと。抗炎症成分や殺菌効果のある成分が配合された化粧品を使うとよい。ただし、洗いすぎと刺激に注意。
クレーター	炎症が進むと毛穴の壁が壊れて炎症が広がることも。炎症が強すぎるとへこんで跡が残る。	医療機関でのケミカルピーリングでターンオーバーを促進。ピーリングのやりすぎに注意が必要。

〈 ニキビの予防法 〉

ニキビのお手入れはできてからでは治すことがたいへんです。予防することが大切です。日ごろからケアを欠かさず、バリアのある正常な角層を維持するようにしましょう。

2. ノンコメドジェニック化粧品を使う

皮脂だけがニキビのできる原因ではありませんが、アクネ菌は皮脂をエサにして繁殖します。**アクネ菌のエサになりにくい油性成分**だけで作られた「ノンコメドジェニック」と表示された化粧品を使うほうがニキビができにくくなります。

1. 基本は洗顔！

余分な皮脂はしっかり洗い流すこと。洗いすぎると必要な水分・油分を取り去ってしまうので基本的に1日2回で十分。

3. ニキビ予防化粧品を使う

皮脂を抑える効果のある成分、**ニキビの炎症を抑える**効果のある成分や**アクネ菌の殺菌作用**のある成分などを配合したニキビ予防化粧品を使用。

4. ターンオーバーの乱れを正常にする

バリアのある正常な角層を維持するために**しっかり保湿をおこなう**。毛穴のつまりが気になる部分に**綿棒でピーリング化粧品を使用して余分な角質をためないようにする**。〔注意点〕ニキビに対する治療で頻用されるレチノイド外用薬による刺激性皮膚炎が生じている間は、ピーリング化粧品は皮膚炎を悪化させるため、皮膚炎が落ちついてから使用。

5. しっかり睡眠をとる

睡眠不足になると**免疫力が低下**し、ニキビもできやすくなります。できるだけ規則正しい生活でホルモンバランスを整えることも大切。

検定POINT 〈 医薬部外品の有効成分 〉

イソプロピルメチルフェノール
合成

アクネ菌殺菌作用

効果→ **殺菌**

アラントイン
尿素から合成、またはコンフリーなどの植物由来

消炎効果や細胞活性化の働きがあり、ニキビの炎症・赤みを抑える作用があります

効果→ **抗炎症**

グリチルリチン酸2K
マメ科植物甘草由来

強力な消炎効果があり、ニキビの炎症・赤みを抑える作用があります

効果→ **抗炎症**

サリチル酸
合成

アクネ菌殺菌作用や**角層軟化作用**があります

効果→ **殺菌**

レゾルシン
合成
独特なにおいがある成分

アクネ菌殺菌、**角層軟化、角層除去効果**があり、毛穴をクリーンにします

効果→ **殺菌**

イオウ
独特なにおいがある成分

皮脂吸収作用や殺菌作用、**角層軟化作用**があり、傷んだ古い角層をしっかりと取り除きます

効果→ **殺菌**

〈 ニキビ跡のお手入れ方法 〉

3. クレーターが残ったら
ピーリング、**レチノイン酸**の塗り薬、**レーザーを使った治療**などもあります。

2. シミが残ったら
炎症後色素沈着によるシミです。日焼けすると消えにくくなるので、紫外線対策を。**美白化粧品**や**ピーリング**が効果的。

1. 赤みが残ったら
治っても赤みが残った状態。**ビタミンC誘導体**や抗炎症効果のある成分を配合した化粧品や**イオン導入**が効果的。

〈 注意点 〉

2. 過剰な洗顔はNG
乾燥を招き、**余計な皮脂が分泌**されてしまうことも！

1. つぶさない
炎症を起こしたニキビをつぶすと雑菌が入り**化膿する**可能性あり。

4. 触らない
手には見えない**雑菌がいっぱい**。ニキビを悪化させる原因になることも。

3. 髪が触らないように
顔のニキビにあたると刺激になり、**悪化の原因**にも。

乾燥肌でもニキビになるのはどうして？

ニキビは**必ずしも皮脂が多いから**できるわけではありません。その証拠に、乾燥肌の人でも大人ニキビはできますし、皮脂の少ない頬にだけできる人もいます。ニキビのおもな原因は、**体内バランスの乱れ**や**免疫力低下**などです。これにはストレスや不規則な生活、睡眠不足など生活のあらゆることが影響しています。女性の場合は、生理前はホルモンの変化によりニキビができやすく、悪化しやすくもなります。

悩み3 検定POINT 毛穴

毛穴の黒ずみの正体は、毛穴から分泌される**皮脂と古い角質の混ざったもの**です。顔の皮膚は身体に比べて体温調整より皮脂を分泌する働きが強いため、毛自体が細く皮脂腺が大きく発達しています。そのため、毛穴がもともと目立ちやすいのです。また、**毛穴の開きは遺伝的**なものも大きく影響します。**男性ホルモン**が多めの人は皮脂が多くなり、皮脂腺の出口も大きくなるので、毛穴が目立つようになります（**皮脂過剰型・開き毛穴**）。それ以外にも皮脂が詰まって目立っている場合（**角質肥厚型・詰まり毛穴**）や、真皮が衰えて肌がたるみ、毛穴が広がってみえる（**たるみ型・帯状毛穴**）もあります。ひとくちに毛穴が目立つという状態でも、その原因はさまざまです。左ページに毛穴の開きの原因とお手入れ方法をまとめてみました。

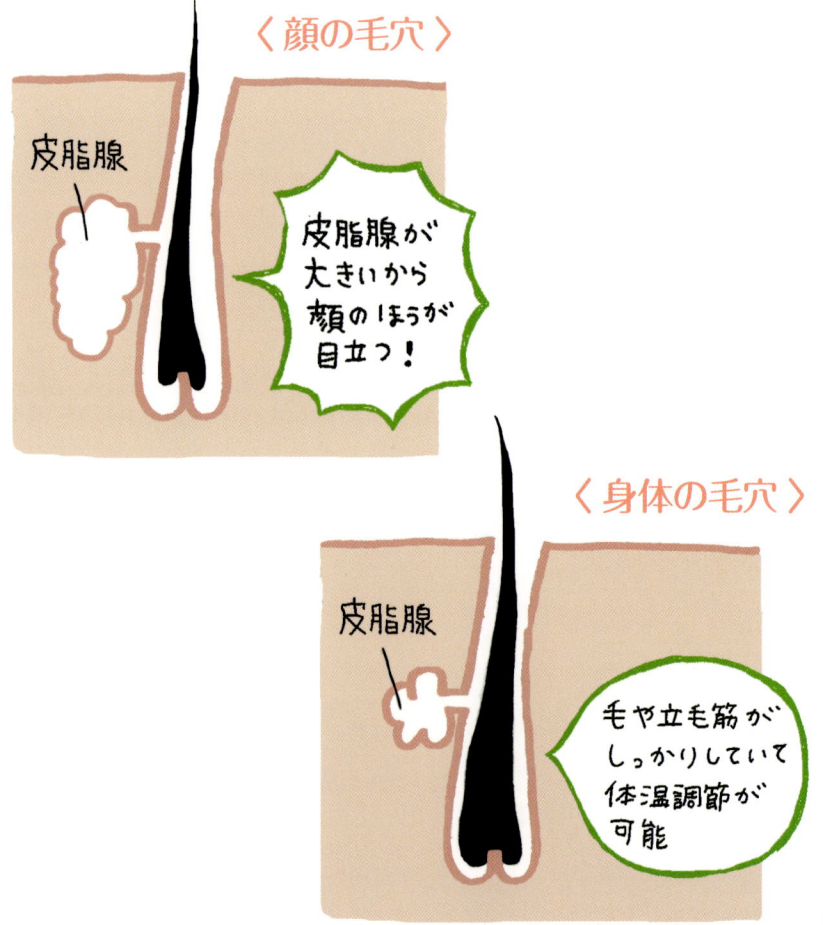

〈 顔の毛穴 〉

皮脂腺

皮脂腺が大きいから顔のほうが目立つ！

〈 身体の毛穴 〉

皮脂腺

毛や立毛筋がしっかりしていて体温調節が可能

毛穴のタイプ別・原因とお手入れ方法

ホルモンの影響、老化、肌質など毛穴の開きにもいろいろな種類があります。状態をよく見て正しく対処しましょう。

毛穴タイプ	原因と状態	お手入れ方法
Tゾーンの毛穴に多い **詰まり毛穴** （角質肥厚型）	皮脂と角質が混ざりあって**角栓**となる	スペシャルケアとしてバキュームによる吸引や酵素が配合された洗顔料やスクラブ剤、角栓をオイルなどに溶かして取り除いたりピールオフタイプ（貼ってはがす）のパックやクレイパックを活用しましょう。※これらのお手入れの後は、必ずしっかり保湿しましょう
頬の毛穴に多い **帯状毛穴** （たるみ型）	**真皮の老化**（コラーゲンの減少など）によって、毛穴を支えきれなくなり、**しずく型にたれさがる**ことが原因	**たるみを改善**しながら真皮に働きかけることが重要 コラーゲンを増やす働きがあるレチノールや真皮の再生効果のあるFGFなどを配合した化粧品をケアに取り入れましょう
全体 **開き毛穴** （皮脂過剰型）	**皮脂の過剰分泌**が原因。オイリー肌で赤ら顔の人に多い	あぶらとり紙などで**過剰な皮脂を取り**、きちんと洗顔をしましょう。皮脂の抑制作用のあるビタミンA、ビタミンCを摂取することも効果的。フラクショナルレーザーなどのレーザー治療が有効

悩み4 シミ 検定POINT

シミの原因はたくさんありますが、大きな要因のひとつは紫外線です。美白化粧品のほとんどはメラニンを消すわけではなく、メラニンを生成する酵素（チロシナーゼ）を阻害するような成分が多いものなので、基本的には**一年じゅう使用する**ことが大切です。また、メラニンの排出を促すピーリングやマッサージも効果的です。※レーザー治療はさまざまな議論があります。

〈 シミができるメカニズム 〉

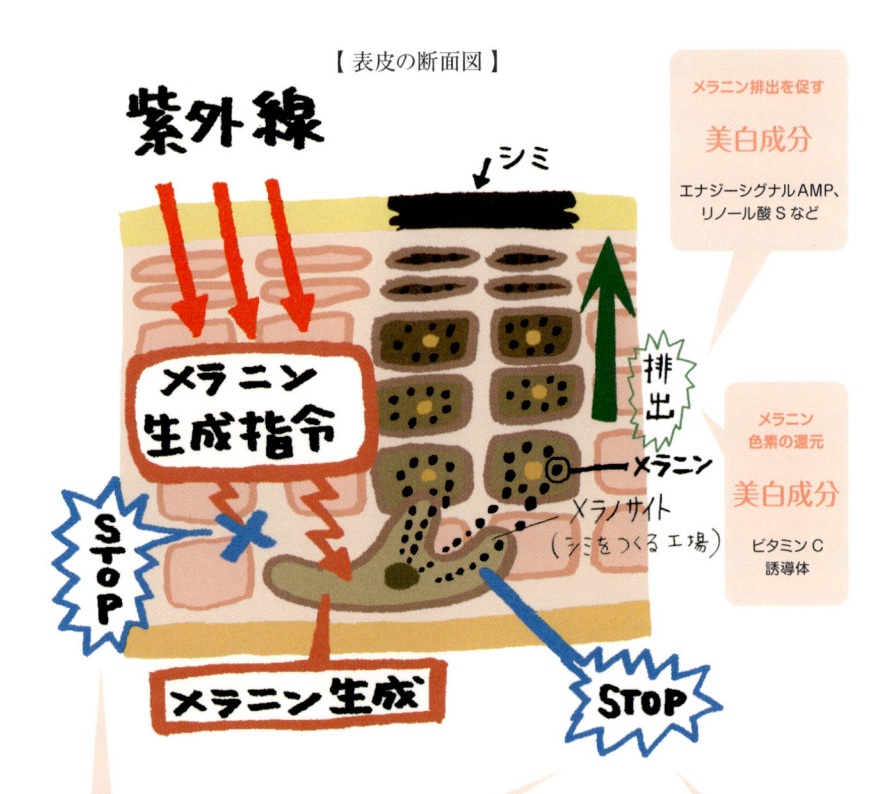

【 表皮の断面図 】

紫外線 / シミ / メラニン生成指令 / STOP / メラニン生成 / STOP / 排出 / メラニン / メラノサイト（シミをつくる工場）

メラニン排出を促す 美白成分
エナジーシグナルAMP、リノール酸S など

メラニン色素の還元 美白成分
ビタミンC誘導体

メラニン生成指令をとめる
→メラノサイトが働かない
→シミにならない
美白成分
カモミラET、m-トラネキサム酸 など

チロシナーゼという酵素の働きを抑えることで、メラノサイト（シミをつくる工場）の働きを抑える→メラニンができない→シミにならない
美白成分
アルブチン、コウジ酸、エラグ酸、ルシノール、ビタミンC誘導体、プラセンタエキス、4MSK など

チロシナーゼ成熟阻害
チロシナーゼを分解する
メラノサイトが働かない→シミにならない
美白成分
マグノリグナン、リノール酸S など

〈 美白における医薬部外品の有効成分 〉

エナジーシグナル AMP
（アデノシン一リン酸ニナトリウムOT）

天然酵母由来の成分。

効果→ **メラニン排出促進**

ビタミンC誘導体

リン酸型ビタミンCなど不安定なビタミンCを安定な形に変えたもの

効果→ **メラニン生成抑制・還元 チロシナーゼ活性阻害**

リノール酸S

サフラワー油などの植物油から抽出される成分

効果→ **メラニン排出促進 チロシナーゼ分解**

アルブチン

もともとはこけ桃から抽出された成分。濃度が高いと肌に刺激になることも

効果→ **チロシナーゼ活性阻害**

エラグ酸

イチゴ由来の成分

効果→ **チロシナーゼ活性阻害**

コウジ酸

みそやしょうゆに含まれる、麹菌由来の成分。

効果→ **チロシナーゼ活性阻害**

プラセンタエキス

豚などの胎盤から抽出される成分

効果→ **チロシナーゼ活性阻害**

マグノリグナン
（5,5'-ジプロピル-ビフェニル-2,2'-ジオール）

ホオノキの成分を元に開発された成分。

効果→ **チロシナーゼ成熟阻害**

4MSK （4-メトキシサリチル酸カリウム酸）

慢性的なターンオーバーの不調に着目して研究開発された成分

効果→ **チロシナーゼ活性阻害**

ルシノール （4-n-ブチルレゾルシナール）

北欧のもみの木に含まれる成分をヒントにつくられた成分

効果→ **チロシナーゼ活性阻害**

m-トラネキサム酸 （トラネキサム酸）

もともとは抗炎症剤として使われていたトラネキサム酸を、美白成分として開発したもの

効果→ **抗炎症・メラニン生成指令阻止**

カモミラET （カミツレエキス）

ハーブのカモミールに含まれる成分。抗炎症作用をあわせもつ。成分名はカミツレエキス

効果→ **抗炎症・メラニン生成指令阻止**

※表示名称が慣用名と違う場合は（ ）内に表示しています。

シミのタイプ別・原因とお手入れ方法

シミとよばれるものは、淡褐色、または暗褐色の色素斑です。老人性色素斑、雀卵斑（そばかす）、炎症後色素沈着、肝斑などが含まれます。シミといえば何でも美白化粧品でお手入れすればいいと思っている人が多いようですが、シミの中にも美白成分が効くものと効かないものがあります。シミのタイプを見極めることが、より効果的なケアを行うためには大切です。

シミの種類	できる場所と見分け方	形・大きさ 色	原因	お手入れ方法
老人性色素斑	頬骨の高いところにできやすい	数ミリから数十ミリ、丸い色素斑、薄い茶からしだいに濃くなりはっきりしてくる	紫外線の影響でできる。シミの中でもっとも多いタイプ	ごく初期のものには美白化粧品が効果あり。ただし定着したものは消えないのでレーザー治療などを行いましょう。
雀卵斑（そばかす）	鼻を中心に散らばるようにできる	丸くはなく三角や四角の場合が多く、薄い茶色のものがほとんど	遺伝的な原因がおもです	遺伝的要素が強いせいか、美白化粧品の効果は出にくいです。レーザー治療を取り入れればキレイに消えることもあります
炎症後色素沈着	ニキビ跡や傷跡が残ったもの	赤から黒い色までさまざま	ニキビ跡や虫さされ、炎症などの跡。毛抜きでむだ毛を抜いていると毛穴まわりが黒く跡になることも	美白化粧品が有効。気にしすぎて刺激しすぎると刺激がメラニン合成を高めるので、洗顔時などにこすりすぎないのも大切。※原則としてレーザー治療は禁忌
肝斑	頬骨あたりにもやもやっと左右対称にできるもの。色は茶色や灰色などさまざま	境界がはっきりしないが左右対称にできるのが特徴	女性ホルモンのバランスがくずれたときにできることが多い。妊娠中やピルを服用したとき、また更年期の人によく見られる	美白化粧品が有効。洗顔時のこすりすぎで発症、悪化。洗顔はソフトにする必要あり。内服薬のトラネキサム酸が効果が出やすい

悩み5 / 検定POINT

くすみ

肌の色は、皮膚を構成する**乳白色の真皮**と**半透明の表皮**、さらに表皮に含まれる**メラニンや真皮の毛細血管を流れる血液**などの色が混ざりあうことで構成されます。老化や肌あれなどで角層が厚くなると、メラニンの影響を受けて肌色が暗くなったり、血行が悪くなることでくすみの原因となります。くすみにはいくつもの原因があり、それぞれ改善方法が違うので、どのタイプのくすみか見極めることが大切です。

くすみのタイプ別・原因とお手入れ方法

タイプ	見分け方	原因	お手入れ方法
角質肥厚型	灰色がかっている ※ひじやひざ、かかとに多くみられる	ターンオーバーの遅れが原因で**角質肥厚**が起こり、肌がくすみます	**ピーリングや酵素の洗顔や、パック**をして、余分な角質を取り除く。（肌が極度に乾燥、アレルギーのある場合はこれらのお手入れは避けましょう）ピーリングの成分はAHA（アルファヒドロキシ酸）である乳酸、リンゴ酸など。酵素はパパイン、プロテアーゼなど
乾燥型	透明感がない	**水分を失う**とそれを補うために角質肥厚と同じような状態になり、肌がくすみます	**保湿ケア**することが大切です。おすすめ成分はセラミド、ヒアルロン酸、コラーゲンなど
血行不良型	血色が悪い、青黒い	睡眠不足などの原因で**血行が悪くなる**ことで肌がくすみます	**血行**をよくするためにマッサージが最適。おすすめ成分はカプサイシン、ゴールデンカモミールなど
糖化型	茶色（黄ぐすみ）	肌の中で**たんぱく質と糖が結びつき**、褐色の「AGEs（最終糖化生成物）」をつくりだすため肌がくすみます	**抗糖化**作用のあるカモミール、ドクダミなどをとったり、血糖値を急増させない食事を心がけましょう。糖化に注目した美容液でケア。おすすめ成分はセイヨウオオバコ種子エキス、YACエキスなど

PART 2　肌の手入れと正しい知識

悩み6 / 検定POINT

くま

疲れた印象や老けた印象を与える目の下のくま。このくまにも種類があり、**茶くま（色素沈着型）・黒くま（たるみ型）・青くま（血行不良型）**の3タイプに分けられます。眼球の周りはクッションのような役割を果たすやわらかい脂肪で覆われていて、それをとても薄いまぶたが支えています。**皮脂腺が少ないために乾燥しやすく神経も敏感**なうえ、まばたきなどで絶えず動く部分なので負担も相当かかっています。また、まぶたはメラノサイトの活動が盛んなため、とくに色素沈着を起こしやすい部分。まぶたの厚さやほりの深さなど、顔の構造が人によって異なることと、加齢によっても個人差がありますがどのくまも年齢とともに目立ちやすくなります。

くまの事前チェック方法

下の設問でどのくまができやすいか事前にチェックしてみましょう。チェック数の多いものが、あなたにできやすいくまのタイプです。

- ☐ メイクはパッチリ つけまつ毛やアイメイク重視派
- ☐ 目元専用クレンジングは使わない
- ☐ 目がかゆくなることが多い
- ☐ シミ、そばかすができやすい
- ☐ アウトドアが大好き

- ☐ ほうれい線が気になる
- ☐ 目元のたるみ、しわが気になる
- ☐ アイクリームを使ったことがない
- ☐ 目元がかさつきやすい
- ☐ 肌が疲れているように感じる

- ☐ 毎日、長時間パソコンに向かう
- ☐ 寝不足
- ☐ 疲れがなかなかとれない
- ☐ 冷え性である
- ☐ ほとんど運動していない

↓ 「茶くま」　↓ 「黒くま」　↓ 「青くま」

くまのタイプ別・原因とお手入れ方法

原因ごとに対策を変え、早い改善につなげましょう。

青くま（血行不良型）	状態	原因
	滞った血液が目の下の薄い皮膚を通して青黒く見える	目の周りの**毛細血管の血流が滞る**ことで起こります。目の疲れや冷え、寝不足も原因
	効果的な成分	**改善方法→血行促進ケア**
	ビタミンE、カプサイシン、ゴールデンカモミールなど	目の周りだけでなく、**顔全体の血行をよくする**マッサージを行いましょう。また睡眠をしっかりとること、冷え改善や入浴も効果的です
	見分け方	・引っぱると薄くなるが完全に消えない ・日によって違う

黒くま（たるみ型）	状態	原因
	影ができて黒く見えるもの。むくみが加わるとさらに目立つ	年齢とともに目の下の皮膚が薄くなり、コラーゲンが減って**眼窩脂肪（がんかしぼう）がずり下がり、下まぶたにヘルニアを起こす**ことが原因
	効果的な成分	**改善方法→たるみケア**
	レチノール、FGF（線維芽細胞成長因子）、マトリキシルなど	**コラーゲン生成を促す**ケアやむくみ対策（塩分や冷たい飲み物をひかえ、運動する）を。化粧品では限界があり、ヒアルロン酸注射や下眼瞼（かがんけん）手術が有効
	見分け方	・上を向くと薄くなる

茶くま（色素沈着型）	状態	原因
	メラニンにより茶色く見えるものなど	シミが集まって茶色く見えたり、目をこすることで起きる**色素沈着、角質肥厚**などが原因
	効果的な成分	**改善方法→美白ケア**
	ビタミンC誘導体、アルブチン、ハイドロキノンなど	**美白ケア**が効果的。アイメイクはこすらず、やさしく落とす。※あざ（太田母斑（おおたぼはん））の場合はレーザー治療以外は無効です
	見分け方	・引っぱっても上を向いても変わらない

悩み7　しわ・たるみ

しわは乾燥によってできると思われがちですが、深いしわやたるみは真皮のコラーゲン線維やエラスチン線維の変性や減少がおもな原因です。しわ・たるみは第一段階は小じわ（表皮性しわ）、第二段階は深いしわ（真皮性しわ）、第三段階ではたるみとなります。第一段階の乾燥による小じわは肌がうるおうと回復する軽いものですが、第二、第三段階まで進むと回復は難しくなります。進化を遅らせるために正しいお手入れをしましょう。

- 目の下のくぼみ（涙袋）
- ゴルゴ線
- ほうれい線
- たるみ毛穴
- 頬のこけ
- マリオネット線
- 二重あご

しわ・たるみのタイプ別・原因とお手入れ方法

タイプ	状態	原因	お手入れ方法
小じわ（表皮性しわ）	とくに目元や口元にできやすい	うるおいが不足して角層が厚くなり、肌表面のしなやかさが損なわれると、表情の動きに沿って表面にしわができます	保湿力の高い化粧品を使用し、表皮（角層）が乾燥しないように保湿することがポイント。表面が硬い場合は角層ケアをしてから保湿するといいでしょう。おすすめ成分はセラミド、スクワラン、ワセリンなど
しわ（真皮性しわ）	目尻、口元、眉間、額などにできやすい	コラーゲン線維やエラスチン線維がダメージを受け、肌内部から柔軟性、弾力が失われることで深いしわができます	肌内部のコラーゲン線維、エラスチン線維の修復を促すことがポイントです。おすすめ成分はレチノール、FGF、アルジルリンなど。化粧品では効果に限界があるので、ヒアルロン酸注入、ボトックス注射、フラクショナルレーザーが有効
たるみ	全体で起こるが、頬に厚い脂肪があるのでほうれい線などが目立ちやすい	皮膚よりも深い部分にある筋肉が衰えることにより、脂肪が支えきれなくなり、肌全体が下がりたるみができます	コラーゲン線維やエラスチン線維の修復を助けるケアを行い、表情筋を鍛える体操などを取り入れましょう。よく噛むことや、マッサージで代謝を高めるのも◎。ラジオ波、レーザー治療、フェイスリフト、ヒアルロン酸注射などが有効

＊化粧品の表示で認められた効能・効果の範囲は、表皮までで真皮にあるしわ・たるみは訴求できません。

美にまつわる格言・名言

1

色白は七難かくす

ことわざ

昔から色白は女性を魅力的にみせるポイントの一つとして
認識され、肌のあらをプラスにカバーしてくれます。
今も昔も美人の要素は変わりません。

5 メイクアップの基本テクニック

これさえ知っていればナチュラルにきれいになれる！

一般的なメイクアップの手順

1 ベースメイク

化粧下地
▼
リキッドファンデーション → コンシーラー
▼　　　　　　　　　　　　▼
コンシーラー　　　　　　　パウダーファンデーション
▼
フェイスパウダー

2 メイクアップ

フェイスカラー（チーク、ハイライト、シェーディング）
▼
アイブロウ
▼
アイシャドウ
▼
アイライン
▼
マスカラ
▼
口紅

※ポイントメイクはメーカーや状況により、順不同

　化粧品を使うことは、スキンケアを使って肌の調子を整えることはもちろん、メイクアップをして**きれいに変身するという楽しさ**も味わえます。化粧をすることは、目に見えてきれいになる！という変化がわかりやすく、気分も上がってとても楽しいことです。そこで、正しくメイクアップ化粧品を使って、いちばん基本的な手順を勉強しましょう。ナチュラルメイクの基本を押さえたら、あとは自由な発想で自分らしく、なりたい女性像までメイクアップで演出することも可能です。

058

これさえわかればの基本！ ファンデーションの色選びとつけ方

使い心地などももちろん重要ですが、なによりもいちばん大事なのは、自分の肌に合った色選び。よくやるNGは、顔色で選んでしまい、首の色が暗すぎて顔が白浮きするというのがやりがちなパターンです。

色の選び方

首と頬の境のフェイスラインで自然な肌の色を選ぶ。 **検定POINT**

〈 ファンデーションのつけ方 〉

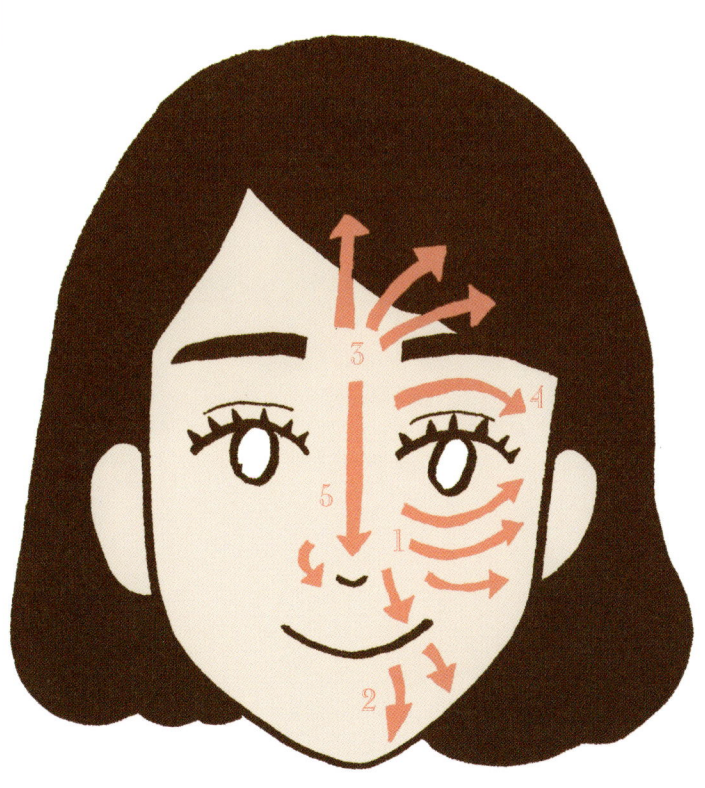

1
頬からスタート。**顔の中心から外側**に向かって、スーッとのばす。左右対称に。

2
あごにものばす。

3
おでこの中心から外側に向かって、塗りのばす。

4
残ったファンデーションで、**目の周りや小鼻のわき**にものばす。

5
最後に残ったファンデーションで、**鼻筋、忘れずに首筋**にものばす。全体の仕上がりをみて、足りない部分があれば少量足してレタッチ。

PART 2 肌の手入れと正しい知識

正しくつけて素肌美人　基本のフェイスパウダーのつけ方

ベースメイクの仕上げを左右する、フェイスパウダーの目指すところは、**粉浮きせずに、透明感のある肌**にすること。使う道具によっても、仕上がりに差が出るので、目指す質感に合わせて道具も選びましょう。

しっかり仕上げなら
パフ

手の甲でパフから出る粉のつき加減を見ながら、**皮脂の分泌が多いTゾーンを中心**にパフで押さえるようにのせるのがコツ。**まぶた周辺は、つけすぎない**ように！

パフに粉を適量とります。そのままでは粉がつきすぎなので、まず、手の甲に押しつけて、パフに粉がなじむまで調整します。

ふんわり仕上げなら
ブラシ

大きめなブラシに、パウダーをたっぷり全体に含ませます。手の甲でブラシを軽くなじませ、粉の量を調整してから、肌へのせましょう。

最後のひと手間で仕上がりに差が！

つける順は1〜4。最後に余分なパウダーを、何もついていないフェイスブラシで払うと、より透明感のある仕上がりになります！

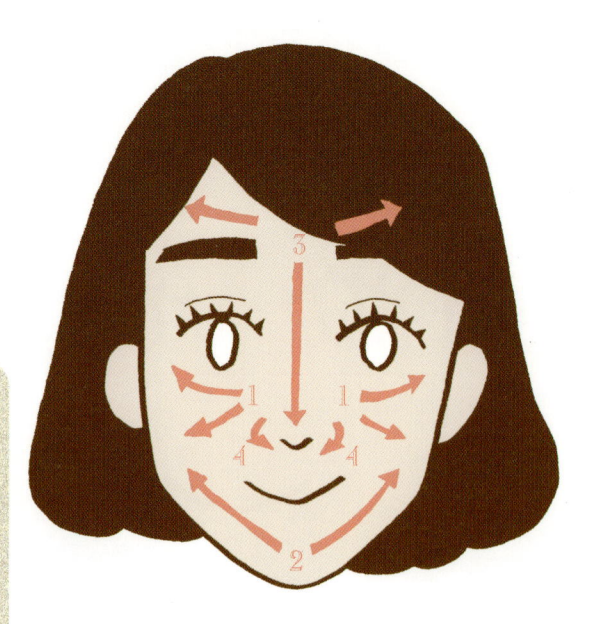

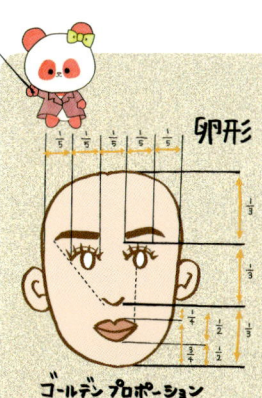

"ゴールデンプロポーション"を知ろう

顔の形は人それぞれですが、他人から見たときに美しく見える理想的なバランスがあります。それを「ゴールデンプロポーション」といいます。このバランスを覚えて、コスメの力を使ってその形に近づけていきましょう！

①顔の理想形は卵形。②顔の縦幅は生えぎわ〜眉頭〜鼻先〜あご先が1/3。③目幅は顔幅の1/5。④口角の位置は黒目の内側を垂直におろしたところ。⑤上唇の輪郭は鼻先〜あご先の1/4。⑥下唇の輪郭は鼻先〜あご先の1/2。

検定POINT 顔型別 ハイライト&シェーディングの入れる位置

ゴールデンプロポーションに近づけるようにそれぞれの顔型に合わせて光のハイライト、影のシェーディングを入れます。

※白→ハイライト
　茶→シェーディング

丸形
顔の外側の**ふっくらと見える部分**に広く**シェーディング**で影を。縦のラインを強調するため、**額中心〜鼻筋、目の下の頬、あごにハイライトをON**。

ベース形
理想の卵形からはみ出してしまう、**エラ部分にシェーディング。ハイライトは額の中心から眉間、鼻筋へ。**

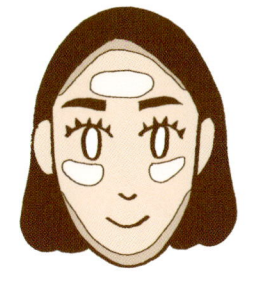

面長形
顔の長さをカットするように、**額の生えぎわ部分と、あご先にシェーディング**を。顔の中心と、目の下に入れる**ハイライトは、横長に入れるのがポイント**。

逆三角形
卵形よりも**あご先に向かってほっそりしている部分に、ハイライトや明るめの色のファンデーションを入れます。広く見える額の側面にシェーディングを入れて狭く見せましょう。**

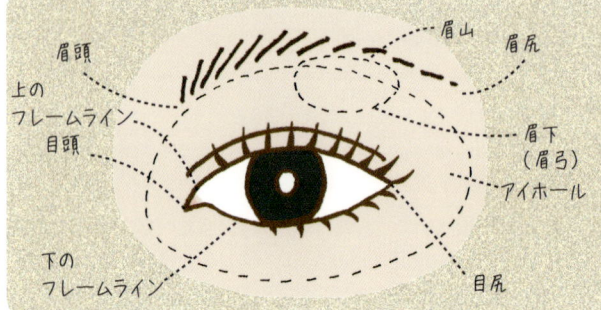

アイメイクに必要な名称

正確な名称を覚えることで、雑誌や本などで紹介されるメイクアップの方法が理解できるようになるでしょう。

- 眉頭
- 眉山
- 眉尻
- 上のフレームライン
- 目頭
- 眉下（眉弓）
- アイホール
- 下のフレームライン
- 目尻

顔の印象を決める 眉の理想形のつくり方

検定POINT

眉のプロポーション

1. **眉頭**
   小鼻の端からの延長線

2. **眉山**
   眉頭から眉尻までの3分の2の位置（瞳の外側の延長線と目尻の延長線の間におさめます）。

3. **眉尻**
   小鼻と目尻を結んだ延長線（A）と眉頭の下の水平線（B）が交差したところ。

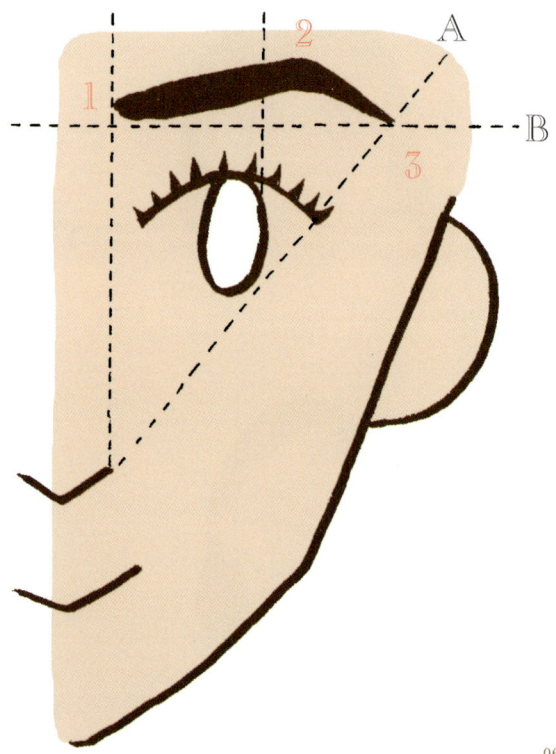

眉カットのしかた

STEP 1
眉ブラシで毛流れを整えます。

STEP 2
右で紹介した理想の眉のプロポーションを参考にして、ペンシルで輪郭を描いてみましょう。

STEP 3
眉コームを使って、はみ出た部分をはさみでカットすれば、理想の形に！

基本的テクニック
アイシャドウの塗り方とグラデーションテクニック

アイメイクアップの目指すところは、さまざまな化粧品を使って、**陰影**をつけて**奥行きのある印象的な目元**に仕上げるのが基本。まずは、アイシャドウを**自然なグラデーション**で塗るための基本をご紹介しましょう。

検定POINT 〈 仕上がりに合わせたツール選び 〉

チップ
色が濃くはっきりとつきます。ライン的に使ったり、ぼかしたりと使う頻度は高め。いちばん濃くしたいところに、最初に色をのせてから、ぼかすと濃い色がむらなく仕上がります。

硬め、短い毛先のブラシ
最も濃く発色するため、アイライン的に使ったり、影の部分に細く使ったり、ポイント的に色をのせるときなどに活躍。

やわらかい、大きめブラシ
淡く色づくので、まぶた全体の広い範囲に使います。

指
クリームタイプや、リキッドベースのアイシャドウをつけるときは指が便利。**色をぼかすとき**や、**アクセントをつける部分**にぽんぽんとのせたりします。

〈 基本的なグラデーションカラー 〉

ハイライト
眉下（眉弓ともいう）に入れて、骨格を強調します。

ベースの色
明るめで淡いベージュ色のシャドウをベースに使います。まぶた全体にブラシなどを使って入れます。

バランスをとる色
目のきわに入れる濃い色と、ベースの色をつなげる中間色をこのあたりに。アイホールに自然なグラデーションが生まれます。

引き締め色
まつ毛の際に、**チップや細いブラシ**で黒や濃茶などの色を使って入れます。目の輪郭をはっきりとさせます。

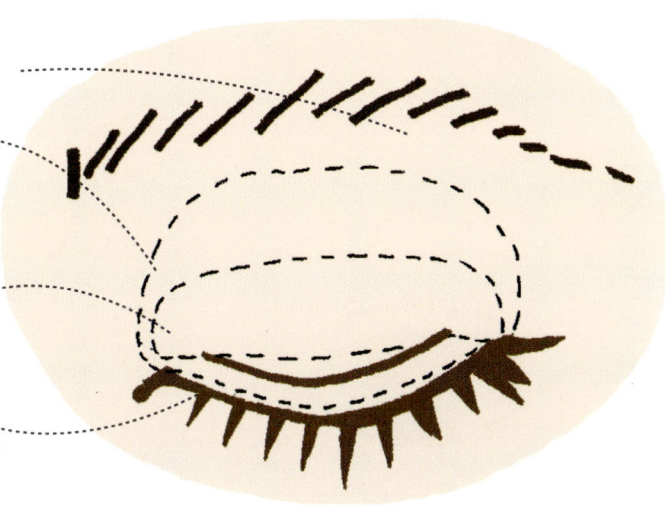

| 基本テクニック | アイラインの引き方 |

＜リキッドアイライナーで くっきりライン＞

1 まつ毛の生えぎわギリギリ上の、目尻側半分からラインを引きはじめます。きわに筆先をあてて徐々に目尻のほうへ。目尻よりも5㎜ほど長めに引きます。

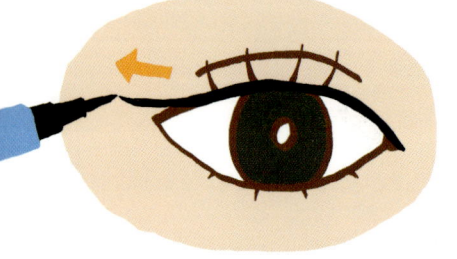

2 次に、ラインの引き終わりに筆先をあて、目尻のきわへ向けて三角形になるように描きます。三角部分を塗りつぶします。しっかりとした目力に。

3 より自然になじませるために、軽く綿棒でラインをなぞってリキッドアイライナーのくっきり感を抑えましょう。これで完成。

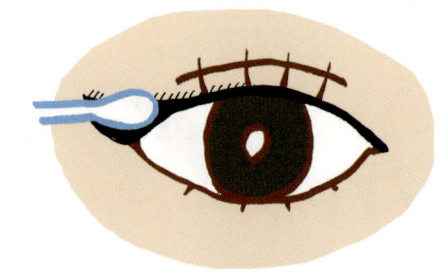

＜ペンシルアイライナーで ナチュラルライン＞

1 まつ毛の生えぎわをペンシルで埋めるように描きます。ペンシルは左右に小刻みに動かしながら進めていくとよいでしょう。鏡を下のほうに置いて作業するとやりやすいです。

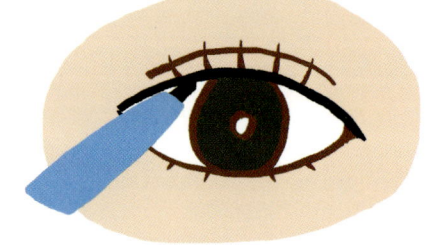

2 全体にかけたら、綿棒で目頭から目尻にかけて、はみ出した部分を修整。ナチュラルにまつ毛が密集したような目元が完成します。

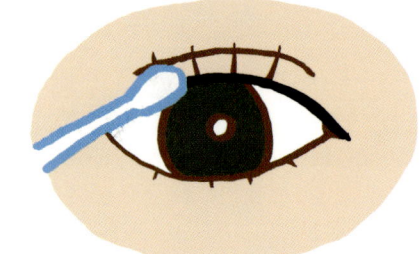

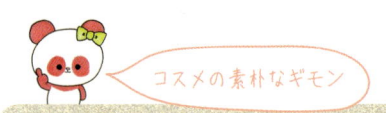

コスメの素朴なギモン

目のタイプ別のアイラインの引き方

奥二重
二重の幅が狭いため、太くアイラインを入れてしまうとよけい目が小さく見えてしまいます。なるべく細めに入れるのがコツ。

ヨレる＆にじむ
アイライナーの悩みでいちばん多いのが、にじんだりよれたりすること。耐水性のものを使いつつ、最後パウダーで押さえてみて。

| PART 2 肌の手入れと正しい知識 | 目指すは全方位立ちあげ | **まつ毛とマスカラではっきり目元** |

〈 ビューラーの基本 〉

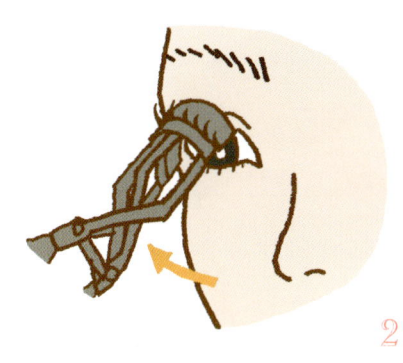

2
まつ毛の中間部分にビューラーをあて、同様に3回ほど握りながら毛先へ移動。これでよりカールが強くなります！

1
まずは根元にしっかりビューラーをあてます。軽く握りまつ毛を立ちあげますが、ひと握りごとに少しずつ毛先へビューラーを移動させていきます。

理想のまつ毛

上まつ毛も、下まつ毛も放射状に360度広がっているのが理想。そのために、ビューラーでまずカールの下地をつくります。

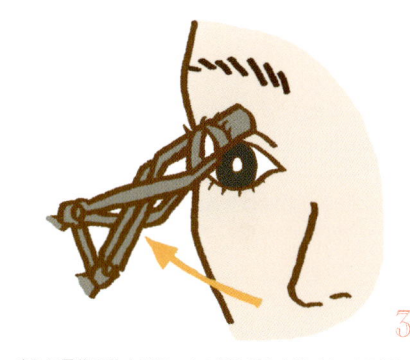

3
さらに最後の仕上げに、まつ毛の毛先も軽く1、2回握りながら毛先へずらすと、完璧なカールが完成。ビューラーを持つ腕ごと上へ持ちあげるのがコツです。

〈 マスカラの基本的なつけ方 〉

次に下から持ち上げるようにつけます。ブラシは左右に小刻みに動かしながら毛先へ移動させると、たっぷりと液がつきます。

まつ毛の方向を意識しながら毛先までつけましょう。まず、マスカラブラシをまつ毛の上からなでおろすようにつけます。

チークの基本的知識

正しい場所はココ

まず、チークの色選びですが自分の**血色が肌なじみがいい色**といわれています。その方法は、指をぎゅっと握って赤くなったところの色。チークを入れる正しい場所もレクチャーします。

チークの種類と入れる順

パウダータイプ
ベースメイクの最後にブラシでぼかします。

スティッククリームタイプ
フェイスパウダーの前に、指でのばします。

検定POINT

チークを入れる場所

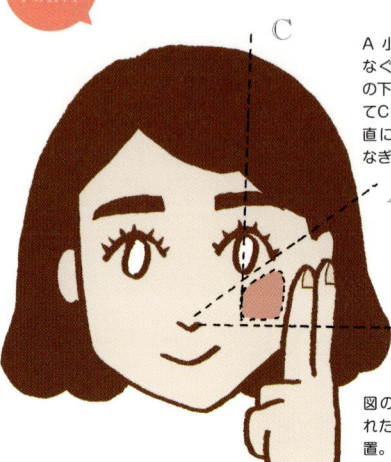

A 小鼻と耳の上をつなぐ線とB 小鼻と耳の下をつなぐ線、そしてC 瞳の中心から垂直におろした線をつなぎます。

図のように線で囲まれたゾーンが入れる位置。さらに、顔の側面からは指2本分あけたところになります。

コスメの素朴なギモン

「顔型によって入れる位置も変わります！」

基本の位置をベースに、顔型によって入れると効果的な形や場所があります。ぽっちゃり**丸く見える顔型の人**は、**ツヤのある色でやや縦長**に入れると、顔がすっきり見えます。

顔が長めの人は、頬の高い位置に**明るめな色を横長**に、ふんわりぼかすようにしましょう。そうすると、頬に目がいき顔の長さが強調されなくなって、かわいらしさもプラスされます。

丸顔さん　　　**面長さん**

口紅の正しい塗り方と形

きちんと感UP

口紅やリップグロスのもつ役割は、**唇の保護**と、好みの**色やツヤ**を与えてなりたいイメージを演出できることです。もともともっている唇の色、理想の形に近づけながら、メイクを楽しんでくださいね。

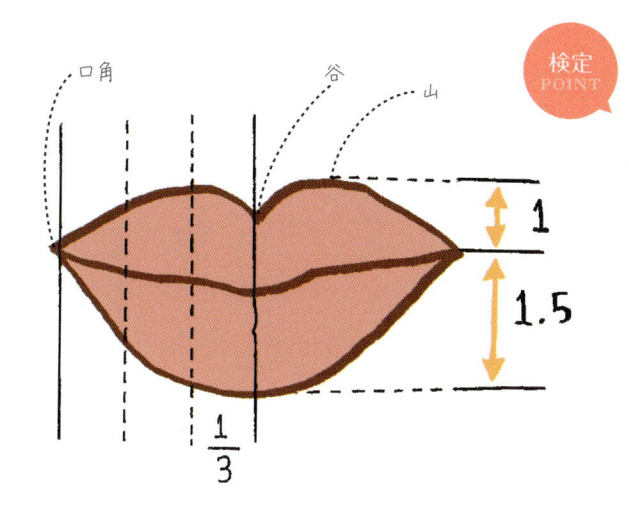

検定POINT 名称と理想の形

上唇と下唇の縦幅は1対1.5が理想のバランス。唇の中心～口角までを3分割した、中心よりの**3分の1の位置が山。谷は鼻先から垂直におろした延長線**にあるのが理想です。

（図：口角・谷・山の名称と、上唇:下唇 = 1:1.5、1/3の位置）

検定POINT 正しい口紅の塗り順

紅筆にリップカラーを含ませて、軽く口をとじた状態で、上唇の山と下唇の位置を決めてスタート。
①②上唇の山から谷へ向かって、輪郭を描く。
③下唇の中心の輪郭を描く。
④⑤上唇の口角から山へ向かって輪郭をつなげるように描く。
⑥⑦同様に下唇の口角から中心に向かって輪郭を描く。最後に内側を塗って完成。

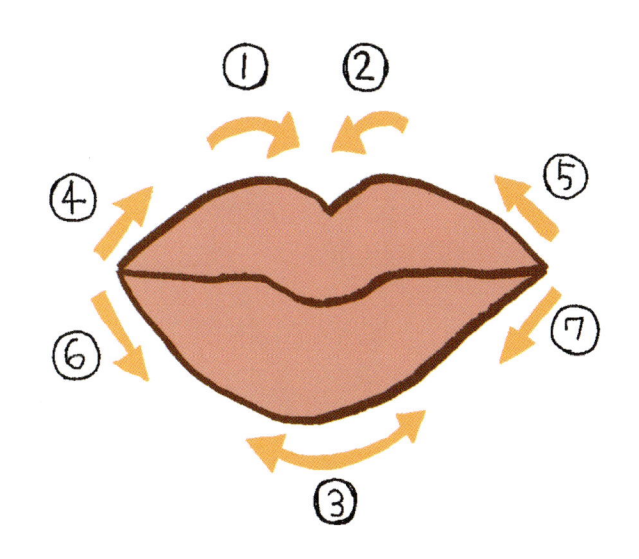

6 肌悩みに応じた化粧品の使い方

ピンポイントのトラブルを解消するには？

　毛穴の開きが気になったり、ニキビ跡が悩みだったり、人にはそれぞれ肌悩みがあります。日々のお手入れ方法はすでに説明しましたので、ここではメイクテクニックによって肌悩みをカバーする方法を説明しましょう。

悩み1　毛穴が気になる！

専用の毛穴のへこみをカバーする下地がおすすめです。**シリコンパウダーが入った皮脂を吸着するタイプ**や、**毛穴に入る光をコントロール**するものがあります。隠したいからといってファンデーションを厚く重ねるとくずれやすくなります。薄く塗り、マメにお直しをしましょう。

米粒大

毛穴が気になる部分に米粒大くらいの量のカバー下地を薄くのばし、しっかりとなじませます。肌と下地の境目をフラットになるまでなじませ、境目がなくなったことを確認して。

悩み2 ニキビを隠したい！

皮膚に盛り上がりのあるニキビの場合、その凸感のならし方がポイントになります。**ニキビ周辺だけをコンシーラーブラシを活用してなだらかに整え**ましょう。ニキビは本来、毛穴の中に皮脂が詰まって炎症を起こした状態ですので、指先などで触るより清潔なブラシを使いましょう。

ニキビよりふた回りほど大きめにコンシーラーをなじませて、肌との境目をできるだけなだらかにならしましょう。コンシーラーブラシを活用してできるだけ丁寧に。

そのあと、**表面を軽くパウダリーで押さえ**ます。コンシーラーは、ニキビ跡が残らないように、できればビタミンC誘導体などの成分が入ったものを選ぶとよいでしょう。

悩み 3 シミを隠したい！

頬などあまり動かない部分にある シミには**硬めのコンシーラー**を使 いましょう。点在するシミにはブラ シを使い、広めや大きめのシミ にはスティックタイプがおすすめ。 シミ周辺の肌の色に合わせた色選 びがポイントです。

肌と同じ色みのコンシーラーをブラシにとり、 シミの上にのせたら**放射状に外へ向けてぼかし** ましょう。**肌との境目は指で軽くたたいて**なじ ませます。そのあとパウダーで押さえます。

悩み 4 パンダ目を防ぎたい！

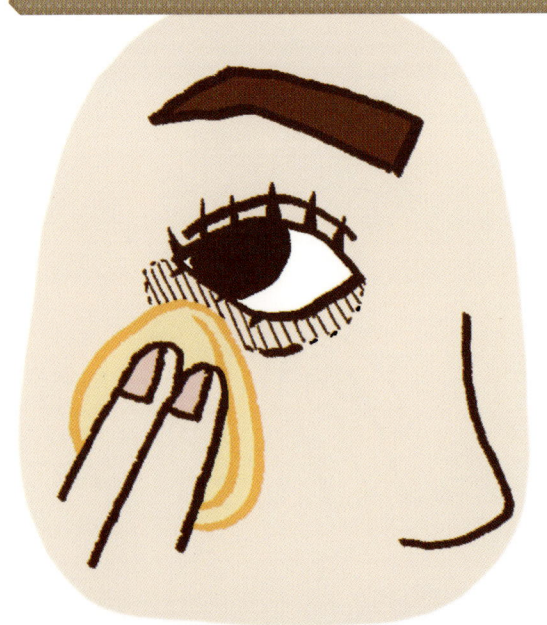

マスカラやアイラインが下まぶた とこすれて落ちるのが原因。この にじみを防ぐため、アイシャドウ やパウダーで目の下をガードした り、過剰についたアイライナーを オフしましょう。ウォータープルー フのアイテムに替えるのもひとつ の方法。

にじみの原因は目もとの油分。まつ毛に触れやす い目の下の涙袋には、フェイスパウダーやパ ウダータイプのアイシャドウなどのお粉をキワ までのせてガードしましょう。パフの端を使え ば簡単です。

悩み5　くまを隠したい！

色濃いくまの場合、肌の色のコンシーラーで隠そうとしても、かえって肌がグレーに沈んでしまいます。くまの種類に合わせて、色やアイテムを使いわけましょう。仕上げはパウダーを薄く重ねて。

黒くま（たるみ）
→凹凸を埋めるタイプの化粧下地やオレンジ系のコントロールカラー

青くま（血行不良）
→オレンジ系のコンシーラー

茶くま（色素沈着）
→イエロー系のコンシーラー

くまの気になるところに、コンシーラーやコントロールカラーを点で置きます。ポンポンと軽くたたくように定着させたら、くすり指を左右にスライドさせるように、やさしくくま全体になじませます。

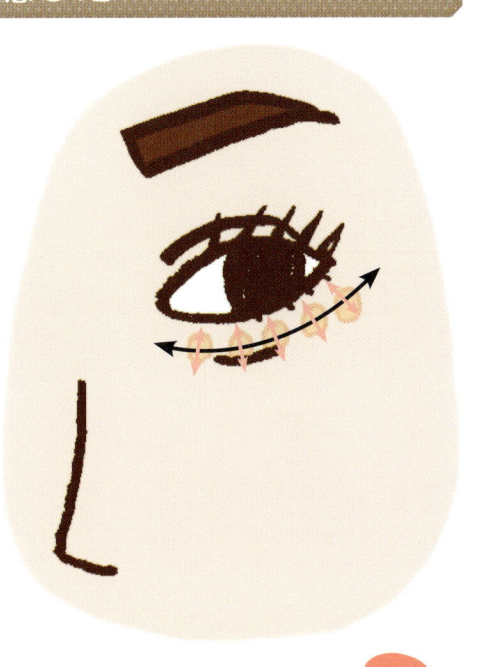

悩み6　赤ら顔をカバーしたい！

毛細血管が透けて見えることを赤ら顔といいます。これを消すには赤の補色になるグリーンのコントロールカラーが効果的です。下地のようにのばすのは失敗のもとで、毛細血管が浮きでている部分だけに使うのがポイント。赤みの強さにもよりますが両頬でパール粒の半分もあれば十分。

パール粒 半分

Green

下地を塗ったあと、ファンデーションを塗る前にコントロールカラーを点置きします。指で均一にならしたら、指の筋や色ムラを調整するため、きれいなスポンジでなじませます。

PART.3
美肌・美ボディ生活を送るには

Structure and Massage

肌や身体の状態は、規則正しい生活スタイルと
食生活などと密接な関係にあります。
ここでは、ごく基礎的な身体のしくみを説明し、
自分で行えるマッサージ方法と、
美肌になるための基本的な生活習慣についてご紹介します。
若さだけじゃない、内側からあふれだす
美しさを手に入れるため、
日常のメンテナンスも欠かさないようにしましょう。

1 効果的なマッサージの必要性と方法

筋肉と骨格とリンパの基礎知識

まず、美顔への第一歩は**顔の筋肉のコリをほぐし、正しい状態に戻して**いくことが大切です。筋肉が十分にほぐれて弾力のある状態に戻ったら、顔全体のゆがみを取り除きましょう。さらに、人間の身体には血管と同じようにリンパとよばれる管が体内を網羅しています。**リンパは体内で発生した老廃物を外に排出**する動きをしており、顔のむくみやコリは、リンパが滞り老廃物がスムーズに流れないことが原因のひとつなのです。ただ、リンパには心臓のようにポンプがあるわけではありません。筋肉をほぐして、さらに**圧をかけながら**動きを出すことによって**深層部のリンパを刺激**します。これにより顔の組織は奥深くから活性化し、新陳代謝が促されるのです。

【 顔まわりのおもな筋肉 】

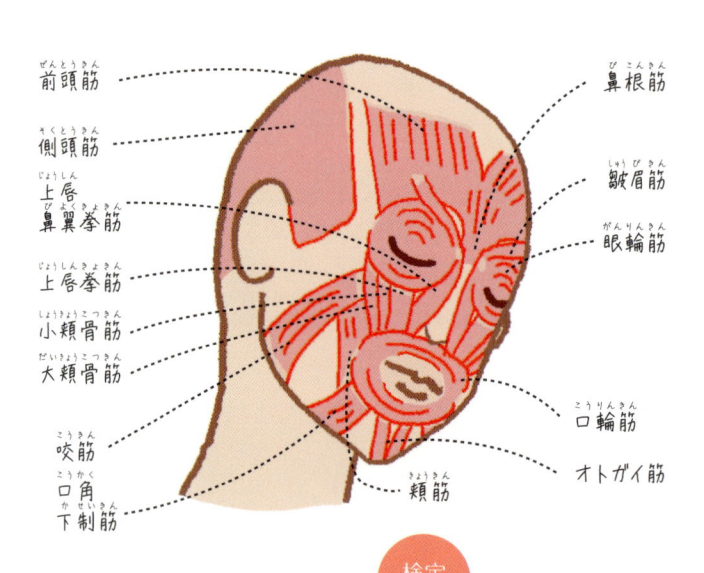

- 前頭筋（ぜんとうきん）
- 側頭筋（そくとうきん）
- 上唇鼻翼挙筋（じょうしんびよくきょきん）
- 上唇挙筋（じょうしんきょきん）
- 小頬骨筋（しょうきょうこつきん）
- 大頬骨筋（だいきょうこつきん）
- 咬筋（こうきん）
- 口角下制筋（こうかくかせいきん）
- 鼻根筋（びこんきん）
- 皺眉筋（しゅうびきん）
- 眼輪筋（がんりんきん）
- 口輪筋（こうりんきん）
- オトガイ筋
- 頬筋（きょうきん）

皮膚 / 筋肉 / 骨

検定POINT
表情筋のつき方

身体と顔は筋肉のつき方が異なり、**顔は肌のすぐ下に表情筋がついています。**だからこそ、皮膚とともに筋肉がずり落ち、たるみ顔にならないように、効果的なマッサージや筋肉の知識が必要です。

基本的なフェイスマッサージ

はりやうるおいのある肌を保つためには、皮膚の上からのケアも大事ですが、肌そのものの血液循環をよくするためにマッサージも有効です。基本的な方法をご紹介します。

すべりをよくするため、マッサージクリームやオイル、乳液などを使用しましょう。両手を使い、顔の内側から外側へ、下から上へ動かすのが基本です。額は下から上へ、頬は広い部分なので、外側に向けてまんべんなくらせんを描くようにすり上げます。小鼻は上下に指を動かし、口まわりは下唇の中心から上唇へ動かします。目のまわりの皮膚はほかの部分よりも薄く、デリケートなのでやさしく扱うことが大切です。

リンパの流れを考えた顔のマッサージ

マッサージにもさまざまな方法がありますが、顔のリンパ節、リンパの流れに沿って老廃物を流す、基本的な手順をご紹介します。

リンパを流す方法

A上深頚リンパ管、B耳下腺リンパ節、C顎下リンパ節、D後頭リンパ節、Eリンパ本幹などのリンパ節を、指の関節などで押しほぐします。次に、顔の外側へ軽く圧をかけながらマッサージ。最後にAの耳の下から矢印のように押し流します。

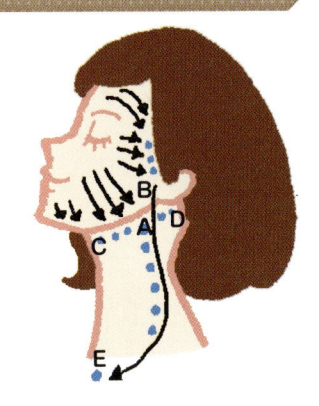

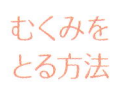

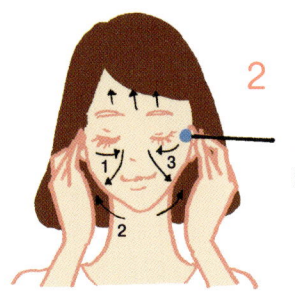

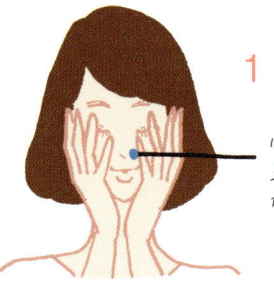

むくみをとる方法

1. 小指を鼻のわきにあて頬を包みこみます。ゆっくり圧を加えるようにジワーッと押さえます。このとき、皮膚をこすったりしないように気をつけましょう。
2. 額は上に向かって軽く指で圧をかけます。小鼻を軽く押したら、耳下腺も軽く押します。最後に1・2・3の矢印に沿って軽く押しながらリンパを流します。

身体のリンパ節とリンパの流れ

動脈は心臓のポンプ作用で流れますが、静脈やリンパ管はポンプ作用をもっていません。筋肉の収縮や呼吸など周囲の動きを利用して、押しだしてもらっているのです。さらに、リンパ管の途中にフィルターのような役目をするリンパ節が約800あり、リンパ液はそこで何度も浄化されながら流れていきます。ですから、長時間同じ姿勢でいるなどの筋肉をあまり使わない生活をしていると滞りやすくなるのです。リンパが滞ると老廃物や余分な水分がたまり、むくみや冷え、肩コリが生じたり、脂肪がつきやすくなります。

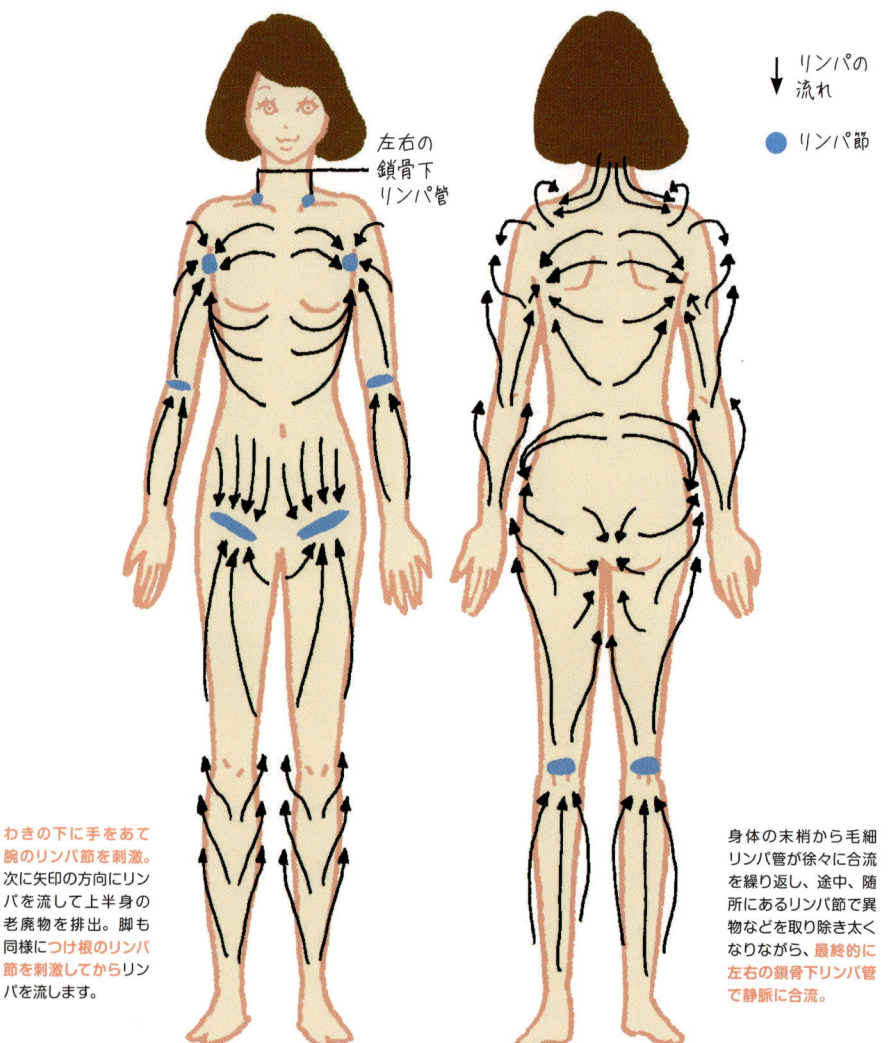

↓ リンパの流れ
● リンパ節

左右の鎖骨下リンパ管

わきの下に手をあて腕のリンパ節を刺激。次に矢印の方向にリンパを流して上半身の老廃物を排出。脚も同様につけ根のリンパ節を刺激してからリンパを流します。

身体の末梢から毛細リンパ管が徐々に合流を繰り返し、途中、随所にあるリンパ節で異物などを取り除き太くなりながら、最終的に左右の鎖骨下リンパ管で静脈に合流。

頭皮マッサージの方法

頭皮も硬くなると血行が悪くなります。ですから、もみほぐしてあげると髪にも栄養が行き届きやすくなり、**発毛促進効果**や、**白髪・くせ毛の解消**にもつながります。

2
両手の指を頭頂部の周辺におき、頭皮を左右に動かします。次に頭皮を前後に動かしましょう。**マッサージというより頭皮の運動**というイメージです。

1
耳の周りに両手をおき、**頭皮を上に向かって引き上げ**ます。顔の表情が変わるくらい指先に力を入れて行い、指の腹を地肌から離さないようにするのがポイント。

PART 3 美肌・美ボディ生活を送るには

身体のむくみは、この3ポイントでCHECKできます！

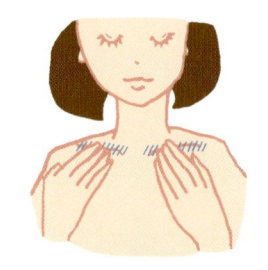

2. すね
指で押すとへこみ、弾力性がなく、戻りが悪いときはむくんでいます。

1. 足首
締まりがなく、アキレス腱が見えなくなります。靴下のあとが消えないのもむくみサイン。

3. 鎖骨のくぼみ
このくぼみが浅いときはむくんでいます。くぼみが見えなくなったり、左右差ができます。

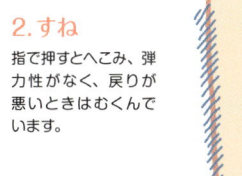

2 美しい肌をつくる秘訣

身体の生理作用と美肌づくりのための生活習慣

睡眠がもたらす効果

美肌への早道は睡眠といわれています。とくに眠りはじめの約3時間は成長ホルモンの分泌が盛んになり、この成長ホルモンによって肌内で細胞分裂が起こります。とくに午後10時から午前2時は肌のゴールデンタイムといわれていますが、これはあくまでも目安。大切なのは熟睡できた感覚があることです。

就寝時ケータイOFF
直前まで携帯電話を使用していると、脳が活発に動いたまま眠りに入るため深い睡眠を得られません。眠りにつくときには、電源はOFFしましょう。

照明は消すこと
眠りを促すメラトニンは目に入る光の量が減ると分泌量が増えるので、照明も消しましょう。

リラックス効果のある精油（アロマオイル）を活用
香りでリラックスへと導く精油をたいてみるのもいいでしょう。ラベンダーやマンダリン、カモミールなどが眠気を誘う香りですが、自分が心地よいと思う香りで部屋を満たすのもいいでしょう。

のどが渇いたらノンカフェインの飲み物を
コーヒー、紅茶、緑茶に含まれるカフェインは、脳を刺激し覚醒させます。就寝前の午後8時以降は控えるように。もし、寝る前にのどが渇いたら、ノンカフェインの飲み物やホットミルク、眠気を誘うカモミールなどのハーブティーがおすすめ。

夜ふかしをした翌日は体調が悪くなりがち…。この不調の原因は、就寝中に肌を含む身体全体が修復されなかったからです。**修復は血液を通して行われ**ますが、**日中は**血液のほとんどが脳に集中するため**肌には栄養が行きにくいのです**。睡眠によって**血液は身体の各所に流れ、肌にも栄養が届く**のです。効果的な睡眠を得るために眠りのしくみを知りましょう。

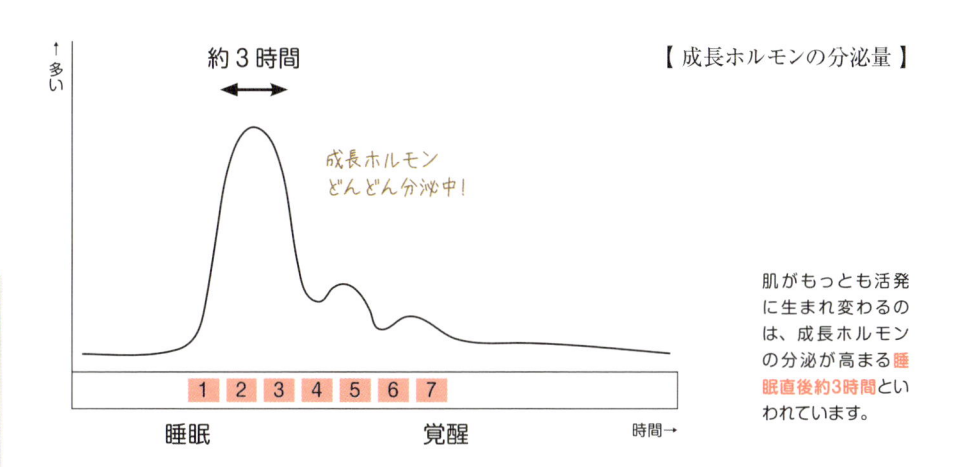

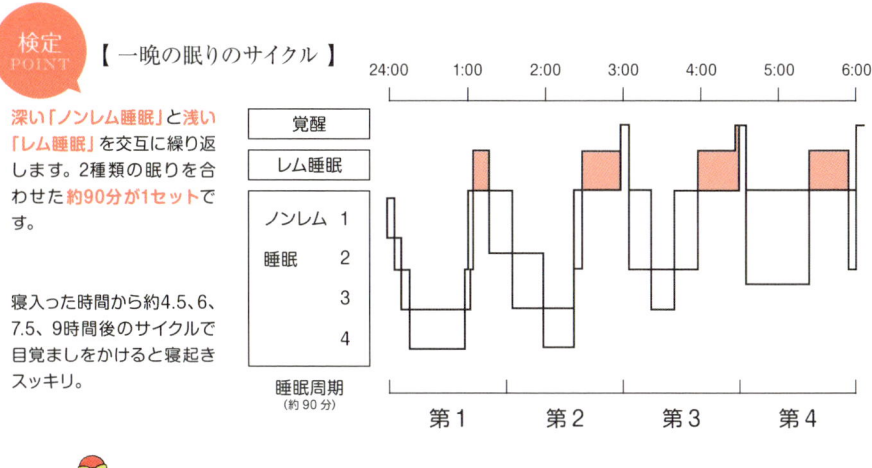

【 成長ホルモンの分泌量 】

約3時間

成長ホルモン どんどん分泌中！

睡眠　　覚醒　　時間→

肌がもっとも活発に生まれ変わるのは、成長ホルモンの分泌が高まる**睡眠直後約3時間**といわれています。

検定POINT

【 一晩の眠りのサイクル 】

深い「**ノンレム睡眠**」と浅い「**レム睡眠**」を交互に繰り返します。2種類の眠りを合わせた**約90分が1セット**です。

寝入った時間から約4.5、6、7.5、9時間後のサイクルで目覚ましをかけると寝起きスッキリ。

覚醒／レム睡眠／ノンレム睡眠 1　2　3　4／睡眠周期（約90分）

第1　第2　第3　第4

コスメの素朴なギモン

寝だめってOK？

睡眠には柔軟性があるため、寝不足が数日つづいたあと**体調を整えるために少し長めに眠る**、といったように**ある程度はコントロール**することができます。しかし、睡眠不足に備えてエネルギーを蓄えるような眠り方には身体が対応できないので、基本的に「**寝だめ**」**は難しい**でしょう。たとえば平日3時間、休日12時間などという**極端な睡眠時間のとり方は、眠りの質を落とし、身体のリズムをくずす原因**になるのでおすすめできません。

PART 3　美肌・美ボディ生活を送るには

食事 & 飲み物

美肌のための食事や飲み物というと、ビタミンを意識した野菜やフルーツなどを連想しがちです。でも、栄養素は単独で作用するものではないため、特定の栄養素ばかりたくさん摂取するのではなく、さまざまな栄養素をバランスよく摂取することが大切です。そのためには正しい知識と五感を磨くこと。五感が磨かれていれば好きなものを食べても自然にバランスが整うからです。

〈 美肌づくりには多種類の食品でバランスを 〉

美肌づくりで注目したい3つの栄養素は**ビタミンA、たんぱく質、ビタミンC**です。女性は太るイメージから、肉や魚のたんぱく質を敬遠しがちですが、ビタミンなどの栄養素を体内で運用するためには栄養素はバランスよくとってこそうまく作用します。

肌や粘膜を正常に保つ

ビタミンA

抗酸化作用があり、また**肌や粘膜を正常に保つ**といわれている栄養素です。植物性食品の中ではβ-カロチンとして存在し、身体内でビタミンA として働くのです。ほうれんそう、にんじんなど**緑黄色野菜**に多く含まれます。摂取量の目安は、この**緑黄色野菜を1日に100g以上**。ビタミンA はとりだめできる栄養素なので週末のとりだめもOKです。ただし、サプリで補給する場合はとりすぎに注意。

美白や保湿、アンチエイジングに

ビタミンC

抗酸化作用があり、**紫外線に対する抵抗力**をつけるのに適している栄養素です。**レモン**はもちろん、**赤パプリカ**、**じゃがいも**や**ブロッコリー**にも多く含まれます。果物ではいちごやキウイに多く含まれますが、糖分が多いのでとりすぎには注意しましょう。ビタミンC は必要以上に体内に入ると、尿として排泄されてしまうため、**毎日少しずつ摂取**するのが正解です。

身体のベースを整えて健康な肌へ導きます

たんぱく質

肌をつくる根本的な**栄養素**です。たんぱく質やビタミンなどの栄養素をバランスよく取り入れることで、健康な肌がつくられるのです。たんぱく質がとれる**おもな食品は肉や魚**です。また**卵**や**牛乳**などの**乳製品**もおすすめ。脂質のとりすぎを心配する人もいますが、調理法を蒸したり、ゆでたり、ソテーしたりとシンプルにすれば大丈夫です。

〈 カフェインとのつきあい方 〉

コーヒーや紅茶、緑茶などに多く含まれるカフェイン。神経を興奮させ、血液収縮作用もあるため、とりすぎは身体にも肌にも悪いのです。カフェインを含むものは1日に2杯を目安とし、就寝前は避けましょう。栄養ドリンクにも入っていることが多いので注意して。

〈 季節問わず温かい飲み物がベスト 〉

冷たい飲み物は、身体を冷やして代謝を悪くします。普段から温かい飲み物を飲む習慣をつけておくと美肌にもつながります。とくにおすすめなのはカフェインを含まないハーブティー。朝はすっきりミント、日中はビタミンCたっぷりのローズヒップなどが最適です。

コスメの素朴なギモン

話題の酵素を効率的にとるには

最近注目されている酵素ドリンクですが、市販のものは加熱処理の過程で酵素が破壊されてしまうため、効果が低め。生の酵素を摂取するためには、豆腐、納豆、ヨーグルトなどの発酵食品、生野菜や果物を積極的にとり、バランスのいい食事をすることが大切です。

運動

美しい肌は健康な身体があってこそ。健康の維持に欠かせない運動には、さまざまな効果が期待できます。たとえば**脂肪燃焼による体重減少、心肺機能の向上、筋力アップ、ストレス解消、生活習慣病の予防と改善**などがあげられます。運動不足に陥ると、これと逆の状態が起こってしまいます。

〈 運動の種類 〉

有酸素運動	十分呼吸し、全身の筋肉に酸素を行きわたらせながら比較的長時間行う運動。ウォーキング、水泳、ランニングなど。 〈効果〉 血液の循環がよくなる。内臓脂肪が適正になる。酸素摂取量能力アップ。	
無酸素運動	比較的短時間で行う厳しい運動。瞬発的に筋肉を収縮させて鍛える効果が高い。短距離走、加圧トレーニングなど。 〈効果〉 筋力のアップ、成長ホルモンの分泌。	
ストレッチ	関節や筋肉をゆっくりと伸縮させ、緊張をゆるめてやわらかくするための運動。柔軟体操、ラジオ体操など。 〈効果〉 血液の流れがよくなる。関節の可動域を広げる。	

※いずれの運動も無理して行うと逆効果のため、めまいや動悸、痛み、吐き気などの症状が出た場合は速やかに中止して休むこと。とくに持病がある場合や病後など筋力が落ちているとき、産前・産後などは安全に行うためにプロの指導を受けるのが望ましいです。適度な運動の目安は、「心地よい」かどうかです。

入浴

身体を洗って清潔を保つことは入浴の大切な目的ですが、それと同時に**疲れをとる効果**も大いにあります。湯に入ったときやシャワーを浴びたとき、身体は熱と水圧・水流から心地よいマッサージ効果を得ます。とくに、湯に入ると浮力が働くため、重力から解放され筋肉がほぐれます。また、お湯に入らないサウナ浴や岩盤浴なども、体を温める効果があると最近は人気です。

〈 湯の温度が自律神経に与える影響 〉

熱めの湯

めまいがするほど熱い湯は危険ですが、**41℃以上の湯は交感神経（興奮や緊張しているときに働く神経）の働きを高めて、神経を覚醒させます**。朝シャキッと目覚めたいときは、適度に熱めのシャワーを浴びたり、湯に入りましょう。ただし、体温が高いと眠れなくなるため、夜に熱い湯に入る場合は就寝まで1時間以上あけましょう。また、心肺系の疾患がある方は高温での長湯は避けましょう。

ぬるめの湯

夏は38～39℃、冬は38～40℃を目安にぬるめの湯に入ると副交感神経（リラックスしているときに働く神経）の働きが高まりリラックスできます。疲れているときは、額が汗ばむまでゆっくり入ると効果的。運動後は20分以上入り血液を循環させると、乳酸をエネルギー源に変えるといわれています。

PART 3 美肌・美ボディ生活を送るには

サウナ

半身浴

ミスト浴

岩盤浴

生活習慣＆リズムを整えるには「正しさ」と「気持ちよさ」が必要。知識を目安にしつつ、五感の感覚を大切にしましょう。

PART.4

化粧品の歴史

History of Cosmetics

今では女性が化粧することは当たり前のことですが、

そもそも化粧とはどこで生まれ、

いつの時代から行うようになったのでしょう。

そして、日本ではどのように

化粧品が進化を遂げてきたのでしょうか。

それらを知れば、きっと日々の化粧が

もっと楽しくなりそうです。

PART.4ではその奥深い歴史をひもといていきます。

化粧品の歴史

世界と日本の歴史を比較しながら学びましょう

化粧品の歴史は、太古に香樹を発見したときから始まり、その起こりは原始に遡ります。長い年月を経て現在に至るまでの進化の歩みを年表にしてみました。

世界において化粧品の歴史はとても古く、BC（紀元前）2920年、古代エジプトでタールや水銀で作られた化粧品が発達。BC1930年、エジプトでは香料の通商も盛んでした。BC1350年、ツタンカーメンの墓から軟膏状の香粧品などを使用していたことがわかっており、BC100年、絶世の美女といわれたクレオパトラも、すでにアイメイクを施していました。

一方、日本で化粧品の文化が生まれたのは太古上古時代に入ってからです。この頃は外国からの影響はほとんど受けずに原始的な赤土粉飾が行われていました。

奈良時代には絢爛豪華な大唐朝文化の渡来がますます盛んになり、化粧品は紅・白粉・朱・香料などが入ってきました。

平安時代には貴族の住居が大きくなり、光が室内を照らせなくなったため、薄暗闇の中でも顔が美しく映えるよう、顔に白粉を塗り白さを強調する化粧が主流となりました。また、眉は額からの汗の流れを止める役割のものなので、額に汗を流すのは庶民、ゆえに位の高い人は高貴の証しに眉をそりました。歯は黒く染めるお歯黒または鉄漿（かね）とよばれるものにして、白い顔を麗しく見せる効果を狙いました。しかし、明治時代に入ると、太政官布告で華族にお歯黒と眉剃りが禁止されました。

1917年（大正6年）、無鉛粉で国内最初の多色白粉「七色白粉」を資生堂が発表。昭和に入るとメイクアップの大衆化が盛んになり、1980年代以降には、幅広い学問領域に関連した総合人間科学（ヒューマン・サイエンス）の観点から研究開発が活発に行われ、優れた品質の化粧品が数多く誕生しています。

086

日本の歴史

貴族の化粧

貴族は水銀を原料とした伊勢白粉を使い、紅をチークとして使いました。庶民は鉛を原料とした京白粉、米や粟のでんぷん白粉を使用。お歯黒は貴族の娘が成人した印でした。

大陸文化からの影響

4〜5世紀
（6世紀伝来説もあり）

大陸文化とともに鏡や香料、紅花などが、シルクロードを通って日本へ。宮廷女性のメイクのお手本も唐の国から伝わった大陸風のものでした。

平安	奈良	大和	
794〜	710〜	BC100	BC2900

世界の歴史

美は指先から…楊貴妃のネイル

（745）

世界三大美女の楊貴妃はこの頃すでに爪を装飾し、その赤く長い爪はヘナ（指甲花）で染めていたといわれています。白い肌と細眉も流行していたそうです。

古代ローマ人はお風呂好き

（BC100）

古代ローマには公衆浴場が点在し、風呂文化が発達。身体の汚れを落とすためにオイルや、動物の骨などでつくられた肌かき器を使用。入浴前に運動してからサウナや風呂を楽しみました。

古代エジプト人のアイメイク

（BC3000頃〜BC100）

エジプト人のメイクといえば、魔除けのためといわれる太く黒いアイライン。そしてマラカイトのアイシャドウは目を日差しや感染症から守るために生まれたともいわれています。

PART 4　化粧品の歴史

日本の歴史

日本古来の スキンケアの知恵
（1606）

石けんが登場。当時の石けんは現在と異なり麦の粉を灰汁で固めたものでした。小豆などの粉で身体、ウグイスのフンなどで顔を洗うようになりました。

お歯黒が庶民にも
（11世紀半ば）

貴族社会から武家社会になったこの時代。お歯黒が一般にも広がり鉛白粉が主流になりました。さらに白粉に紅花から抽出した薄紅色の粉を混ぜた「紅白粉」も登場しました。

安土桃山	室町・戦国	鎌倉	平安
1573〜	1338〜	1185〜	

世界の歴史

香水が流行
（16〜17世紀ごろ）

イタリア・スペインを中心に体臭をごまかすため香水が流行。中世ヨーロッパでは色白の肌が美女の条件とされ、それを引き立たせるためにつけぼくろが流行し始めました。

マルセイユ石けんの ブランド確立
（1688）

フランス国王のルイ14世がマルセイユ以外での石けん製造を禁止。マルセイユ石けんの製造にも厳しい基準が設けられました。その高い品質から「王家の石けん」とよばれ、上流階級の間で流行。

安全な白粉の開発
(1904)

身体にとって有害な鉛を使わない白粉が発売され、安全な化粧品として注目を集めました。

お歯黒・眉剃りが禁止！
(1870)

西洋文化の波に押され、お歯黒と眉剃りが禁止に。明治6年頃に当時の皇太后がお歯黒をおやめになったことで、急激に衰退していきました。

紅花をコスメに活用
(江戸時代)

紅花からつくられた「口紅」が登場しました。赤いホウセンカと紅花を混ぜ爪に塗る「爪紅」も登場。日本のネイルの始まりです。

明治	江戸
1868〜	1603〜

PART 4 化粧品の歴史

リップスティックの始まり
(1870)

フランスのゲラン社がミツロウなどを固め、現在のリップスティックの原型をつくりました。

労働者たちが見つけたスキンケア
(1859)

石油採掘機に付着するワックスに軟膏の作用があると知ったアメリカの化学者がそれを精製しVaselineが誕生。1870年には現在でもおなじみの「ヴァセリンオリジナルピュアスキンジェリー」の原型が発売されました。

日本の歴史

日本初の マスカラ誕生
（1937）

ハリウッド美容室から日本初のマスカラが登場。美容家のメイ牛山さんが、ワセリンと石炭粉からできたアメリカのマスカラを日本人向けに改良しました。

スキンケア商品 乳化技術の進化
（1934）

資生堂から世界初のW/O型乳化クリーム「ホルモリン」が発売。女性ホルモンを配合し、肌の若返り効果が期待され多くの女性が注目しました。

今でも愛される ヘチマコロンの誕生
（1915）

「ヘチマコロン」が発売。天然植物系スキンケア商品の元祖であり、化粧水の代名詞となりました。画家・竹久夢二の美人画のパッケージも有名。

大正
1912〜

世界の歴史

ファンデーションも バラエティ豊かに
（1914）

Max Factorからケーキタイプのファンデーションが発売。女優たちにも人気の商品で、ここから自然な肌の色に合ったファンデーションが増えていきます。

パーマの始まり
（1905）

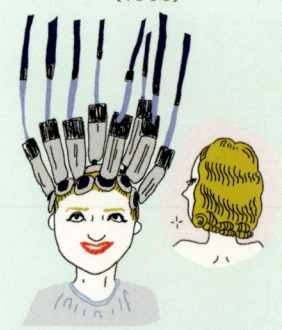

ドイツのチャーチル・ネッスラーがホウ砂と高熱によって髪にウェーブをつける「ネッスルウェーブ」を発明。1920年代にはアメリカで流行しました。

現在のシャンプーの原点

(1955)

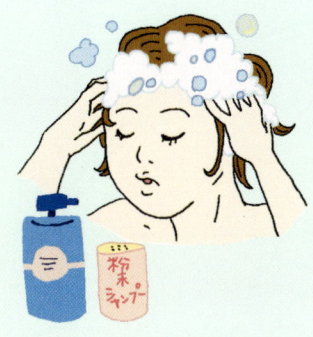

従来の石けんシャンプーから中性洗浄料へ移行しはじめます。その中でも「花王フェザーシャンプー」はシェアの8割を占める人気商品となりました。

ベースメイクに革命

(1947)

戦後間もなく日本初の油性ファンデーションが発売されました。従来の白粉にはないのびのよさなどから、ベースメイクの定番となっていきます。

平成　1989〜　　　　　　　昭和　1926〜

太陽なしでも小麦色の肌に

(1944)

白人兵士のためのUVケア技術を生かしてコパトーンから初の日焼け対応の化粧品が発売されました。セルフタンニング、サンレスタンニングの始まりです。

リップグロスの登場

(1932)

Max Factorから映画女優向けにリップグロスが登場。白黒映画の中で唇の立体感や光沢感を表現するために使用されていました。

コンパクトが女性たちの手に

(1920)

1920年パウダーチークやフェイスパウダーを持ち運ぶためのコンパクトがヨーロッパの上流階級を中心に普及しはじめました。その後一般にも広まり、日本でも大正末期から登場。

PART 4　化粧品の歴史

PART.5

化粧品原料と基礎知識

Cosmetic Material and Basic Knowledge

毎日というほど肌につける化粧品。

メイクアップ化粧品だけではなく、

スキンケアや洗浄料なども含めると、

ほぼ全身に使っています。

ですが、それらに含まれる原料について

知っている人は少ないのではないでしょうか？

それぞれに含まれる原料がどういったものなのか

知っておくことは、日々化粧品を使うためには

とても重要なことです。

PART.5では化粧品の原料と基礎知識について

ご説明しましょう。

PART.5　化粧品原料と基礎知識

化粧品に使われる原料
について

化粧品を製品としてみれば、スキンケアからメイクアップ製品までと
幅広い形とタイプに分かれています。
しかし、ミクロの目で化粧品についてのぞいてみると、
構成されている成分は、大きく分けて
水と油と粉からできているのです。それはどういうことなのでしょう？
化粧品の原料や役割などについて詳しく説明していきましょう。

1 化粧品の原料について

成分を知ってより深い知識をものにする

化粧品には、使用目的や使用部位、使用方法に合わせて、化粧水や香水のような液状のもの、クリームのように乳化されているもの、フェイスパウダーのように、粉状のものなどがあります。化粧品を構成する原料には、水に溶ける油脂に溶ける**油性成分**、乳化や洗浄などに使われる**水溶性成分**、色や質感をつくる**粉体**などがあります。また、添加成分には、香料や皮膚を美化するための成分、感触をよくする成分、そして化粧品を安定に保つための成分など、いろいろな成分が組み合わさって一つの化粧品になっています。

検定POINT 水溶性成分

水に溶ける水溶性の成分。水分を逃がさないようにする保湿剤や肌を引き締める成分、水に溶ける防腐剤など、さまざまな成分があります。単独で配合するよりも、数種類を組み合わせたり、油性成分と組み合わせることでより効果を発揮します。

液状	粉状
化粧水からクリームなど、いろいろな化粧品に配合されています。肌へのなじみをよくしたり、感触の調整としても用いられます。	乳化を安定させるためや、感触調整、使用性向上という目的で高分子化合物を入れることがあります。
おもな成分 肌を引き締める効果 **→エタノール** 保湿・防腐効果 **→ BG** （1,3-ブチレングリコール）（合成） 保湿・感触調整（高機能） **→グリセリン**	**おもな成分** 増粘（安定化・感触調整） **→カルボマー** 吸湿・膨潤 **→ポリアクリル酸 Na** 増粘（安定化・感触調整） **→カラギーナン**

※増粘とは、粘度を高め、とろみを出すなどの感触を調整したり、乳化したものを分離させないように安定化させることです。

検定POINT 油性成分

角層に含まれる水分が外部へ蒸発することを防ぎ、水分量を保つ（エモリエント効果）ために配合される成分のことです。そのまま使用するより、乳化させてクリームや乳液、美容液として使うことが一般的です。柔軟効果も油性成分の役割のひとつです。

液状	たとえば、メイクおとしに使うもの、角層の水分量を保つもの、汚れなどのなじみをよくしたり、肌の上でのすべりをよくしたりする			
	オイル	おもな成分	鉱物	トリメチルシロキシケイ酸（シリコーン油）、ジメチコン（シリコーン油）、ミネラルオイル（石油由来）
			天然	スクワラン（サメ由来、植物由来のものも）、ホホバ油（ホホバ実、種子由来）
半固形	たとえば、乳液では、オイルとペーストを混ぜあわせることによって浸透性があり、エモリエント感があるような使用感をつくることができる			
	ペースト	おもな成分	鉱物	ワセリン（石油由来）
			天然	シア脂（シア果実由来）、カカオ脂（カカオ種子由来）
固形	たとえば、クリームでは配合を多くすることによって、保護膜をつくる			
	ワックス	おもな成分	鉱物	パラフィン（石油由来）、マイクロクリスタリンワックス（石油由来）
			天然	ミツロウ（ミツバチ巣由来）、キャンデリラロウ（植物由来）

検定POINT 界面活性剤

界面活性剤は、**ひとつの分子内に油になじみやすい部分（親油基または疎水基）と水になじみやすい部分（親水基）の両方をもっています**。この性質を利用して、洗浄、乳化、可溶化（水に溶けにくい物質が溶けるようになること）・浸透・分散（微粒子の状態で存在するようになること）などの働きがあります。

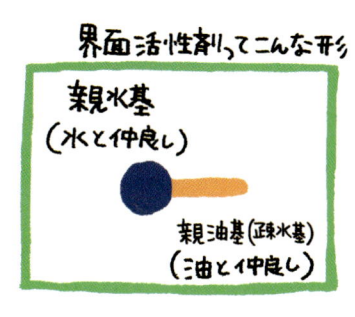

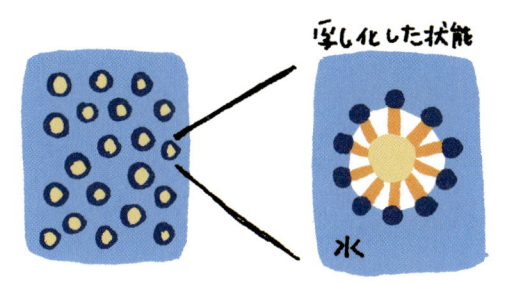

〈この性質を利用してできる乳化のO/W型とW/O型〉

乳化とは、油と水が細かい粒子になって分散することで、水と油が完全に溶解しているわけではありません。このとき、界面活性剤の働きによって水の中に油が分散した状態（O/W型）や、反対に油の中に水が分散した状態（W/O型）にすることが可能です。乳製品でたとえるなら、水の中に油が分散している牛乳がO/W型、バターのように油の中に水が分散しているのがW/O型です。

O/W型 (Oil in water) 
例）乳液やクリームなど

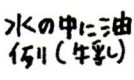

W/O型 (Water in oil) 
例）ウォータープルーフ日焼け止めなど

W/O型とO/W型の見分け方

手の甲に塗布し、水で洗い流したときに流れれば、外側に水分があるO/W型、流れなければW/O型です。

PART 5 化粧品原料と基本知識

検定POINT 〈 界面活性剤の種類と特徴 〉

タイプ	主用途	成分	皮膚刺激
（陰イオン） アニオン型 水に溶けると親水基の部分が陰イオン（アニオン）になるもの	〈洗浄・可溶化〉 石けん シャンプー 洗顔料など	名前の最後に「〜石けん」、「〜塩」、「〜硫酸ナトリウム」とつくもの 高級脂肪酸石けん／ラウリル硫酸ナトリウム／ラウレス硫酸ナトリウム／N-アシルアミノ酸塩／アルキル硫酸エステル塩など	弱
（陽イオン） カチオン型 水に溶けると親水基の部分が陽イオン（カチオン）になるもの	〈柔軟・帯電防止・殺菌〉 トリートメント・コンディショナー・リンス 制汗剤など	名前の最後に「〜クロリド」、「〜アンモニウム」とつくもの ベンザルコニウムクロリド／ベヘントリモニウムクロリド／塩化アルキルトリメチルアンモニウムなど	やや強
（両性イオン） アンホ型 水に溶けるとpHにより陽イオンや陰イオンになるもの	〈洗浄・乳化助剤〉 ベビー用や高級シャンプー リンス 柔軟剤など	名前の最後に「〜ベタイン」とつくもの コカミドプロピルベタイン／アルキルジメチルアミノ酢酸ベタインなど	ほとんどない
（非イオン） ノニオン型 水に溶けたときイオン化しない親水基をもっている。ほかの界面活性剤と組み合わせやすい	〈乳化〉 多くの化粧品に使われる	名前の最後に「〜グリセリル」「〜水添ヒマシ油」とつくもの ステアリン酸グリセリル／PEG-60水添ヒマシ油など	ほとんどない

※皮膚刺激の度合は目安であり、種類と配合量や処方により異なります。

コスメの素朴なギモン　界面活性剤って肌にいいの？悪いの？

そもそも、水と油という混ざりあわないものをくっつける働きの成分なので、肌に触れたときに皮脂とくっつき、皮膚の中に浸透させる働きもあるのです。しかし、メイクなどの油性の汚れを落とすためには必要な作用だったり、クリームなど乳化したものはその働きが安定しているので、一概に悪いとは決められず。敏感肌の人はクレンジングや洗顔料など、配合成分には気をつけたほうがいいですね。

酸化防止剤

化粧品に使用される原料、とくに油性成分のなかには酸化しやすいものもあります。酸化によりにおいが変化したり、皮膚への刺激の原因となることもあります。化粧品にとって必要な品質を保持するために、酸化防止剤の添加が必要になります。酸化防止剤の代表的な成分であるトコフェロール（ビタミンE）は「身体の老化を予防するビタミン」として知られており、体内の物質の酸化を防止する働きがあります。この効果により、化粧品に多く利用されています。

天ぷらを揚げたときにも、揚げ油は酸化して茶色く変色します。

検定POINT 防腐剤

化粧品にはアミノ酸、糖類、天然油脂などカビや微生物のエサとなる成分も使われています。もし、これらの微生物が混入して繁殖したら、化粧品が変質し肌トラブルの原因となります。一般に化粧品は使用期間も食品に比べてはるかに長いため、微生物に汚染される危険性が高いのです。また、化粧品の使用中に手指などから、微生物が入りこむこともあるので、長期間安定した品質を保持するためには、防腐剤の添加が必要になります。もっとも代表的なのはパラベンで、そのほかにフェノキシエタノール、安息香酸、ヒノキチオールなどがあります。

〈"パラベン"の種類と抗菌力の差〉

敏感肌の人は皮膚への刺激があるとか、使用することを敬遠する消費者やメーカーもあります。確かに抗菌力が高く皮膚刺激が強いものから、弱いものまであります。

※抗菌力の高さ順です。

ブチルパラベン＞プロピルパラベン＞エチルパラベン＞メチルパラベン

しかし、最近ではBGやペンチレングリコールなどの保湿剤で防腐効果をもつ成分と組み合わせたり、ほかの成分との溶解性の相性により、パラベン類の組み合わせや配合量が少なくなっています。そのため、防腐効果も安全性も高くなっているのが現在の化粧品技術です。

「パラベンフリー」＝「防腐剤フリー」ではありません！

長年使用されてきて「パラベン」という名前が有名になってしまったため、消費者の目を引くように「パラベンフリー」と書いてあるものを見かけます。しかし、実際はほかの防腐剤を配合している場合も多く見られます。肌が弱くて防腐剤が気になる人は、パラベンだけを気にするのではなく製品全体を見る必要があります。化粧品をつくったことがない人は成分表だけを見てもわからないものです。実際に腕などで試してみることが安全に使うためによいでしょう。

検定POINT 着色剤

肌を彩るメイクアップ化粧品に使われている原料で、おもに顔料とよばれています。皮膚の上に付着して化粧膜をつくり、肌色をきれいに見せたり、着色して魅力を増します。そのほか、ツヤや輝きを出したり、テカリを抑えたり肌の質感を変えたりするためにも使われています。過去には化学合成のタール色素や、その中に含まれていた不純物によって肌トラブルが起こり、社会問題にもなりました。しかし、現在化粧品に使われている色素は純度も高く、いずれも厳しい検査に合格した安全性の高いものが使われています。

分類		原料名
無機顔料	体質顔料	タルク、マイカ、セリサイト、カオリン、シリカ、硫酸バリウム、炭酸カルシウム
	着色顔料	酸化チタン、酸化亜鉛、酸化鉄
	真珠光沢顔料	魚鱗箔（ぎょりんぱく）（パール剤）、オキシ塩化ビスマス、雲母チタン、酸化チタン被覆マイカ
有機合成色素（＝タール色素）	染料	黄色5号、赤色213号、赤色223号
	有機顔料	赤色228号、赤色226号、青色404号
	天然色素	カルミン、カーサミン、β-カロチン、クチナシ、コチニール、ベニバナ赤

顔料と染料の違いって？

上の表は全部が化粧品をつくるための色素の種類ですが、大きく顔料と染料とに分かれます。顔料（＝Pigment）は水や油には溶けず、粉砕して微粒子の粉末原料にして配合。顔料は皮膚に吸収されない大きさの粉体なので、肌が色に染まってしまうことはありません。しかし、染料は鮮やかな発色性が特長です。なかには角層に染着する色素もあり、落ちにくいリップに配合されていることもあります。

PART.5　　化粧品原料と基礎知識

スキンケア化粧品
について

毎日の生活の中で、外気に触れることで汚れたり、
乾燥したり、ダメージを受けている肌。
洗顔から、保湿まで基本的なスキンケア化粧品の、
おもな成分や役割の基本的な知識をご紹介します。

2 スキンケア化粧品

素肌美人に近づくための基本アイテム

おもな構成成分

スキンケア化粧品の構成成分は、おおまかに以下に示したように分類できます。

有効成分

有効成分とは肌の悩み（乾燥、シミ、しわ、ニキビなど）に対して、コラーゲン、セラミドなどの化粧品の効能・効果を発揮する原料のこと。植物エキスやビタミン類合成成分がこれに含まれます。化粧品の効能・効果については薬事法で厳しく規制されているため、実際には効能や効果があっても、セールスポイントとしてその効果をうたうことができない場合もあります。香料は、付加価値を高めるために配合することもあります。

基本成分

基本成分とは化粧品の骨格をつくる成分のことです。油性成分と水溶性成分ならびに、これらを混合するための界面活性剤などが含まれます。スキンケア化粧品は肌表面にうるおいを保つ働きをしている皮脂膜を基本としています。そのため、皮脂の代わりとなる油性成分や、汗や細胞に含まれる水やNMF（天然保湿因子）の代わりとなる保湿剤などの水溶性成分、その2つを混ぜあわせる界面活性剤、それらの肌への付着性を高める増粘剤などを基本に構成されています。

有効成分
基本成分（基剤）
品質保持を目的とした成分

皮膚の
モイスチュアバランス
- 皮脂
- 水分
- NMF

スキンケア化粧品の
モイスチュアバランス
- 水分
- 油分
- 保湿剤

品質保持を目的とした成分

基本成分や有効成分以外の成分として、製品の安全性や品質を保つための酸化防止剤や防腐剤などがあります。

皮膚の機能を正常に保ち、維持するためにはどうしたらいいのでしょうか。そこで、必要となってくるのがスキンケア。とくに、乾燥はすべての老化現象の引き金となるので、保湿こそスキンケア化粧品にとってもっとも重要です。どの成分が保湿効果があるのか、紫外線から肌を守るのか、など化粧品に含まれるそれぞれの成分の役割から製法まで、知っておくべき内容を少し詳しく説明していきましょう。

クレンジング・洗顔
肌を清潔にする

肌は排気ガスやほこりなど空気中の汚れに汗、皮脂、古い角質、メイクアップ化粧品などが混ざり合っています。この汚れた状態を放置しておくと、雑菌の繁殖や皮脂の酸化により過酸化脂質がつくられ、肌への刺激物に変化することも。まず、クレンジングで汚れを油に溶かして落とします。まだ、クレンジング剤や汚れが肌に残っているような場合は洗顔料の界面活性剤で、包みこんで落とします。ウォータープルーフのような肌への密着性が強い油は、洗顔料の界面活性剤ではとりにくく、油を溶かしだす力があるクレンジングオイルや専用のリムーバーで落とす必要があります。

メイク落としに必要な油

クレンジング

クレンジングで落とすものは、洗顔で落ちにくいメイクアップ化粧品です。そのため、メイクをしている日はクレンジングの必要があります。クレンジングは油性成分だけで汚れを落とします。メイクした顔に油性成分（液状）を塗れば、メイク汚れは「浮く」ので、あとはふきとれば終わりです。クレンジングに界面活性剤が入っているのは、浮いた汚れを水と混ぜて流せるようにするためです。このように、油性成分に界面活性剤を加えることで、水で洗い流せるようにしたり、さらに水を加えることでクリーム状にするなど、形状や使用感、洗浄力を調整できます。

（有効成分）
界面活性剤・増粘剤
油性成分
精製水・水溶性成分（保湿剤）

〈 クレンジングの種類 〉

クレンジング力 強 **オイル**（クレンジングオイル）
主成分の油に界面活性剤を溶解、洗い流し時に乳化させます。

クレンジング力 普 **クリーム・ペースト状**（クレンジングクリーム）
クレンジングクリームは O/W 型が主流。肌になじませると W/O 型に変わる（転層）ものも多いです。

クレンジング力 弱 **乳液状**（クレンジングミルク）
クレンジングクリームより水溶性成分が多く、使用後の感触がさっぱりしています。

クレンジング力 弱 **ジェル状**（クレンジングジェル）
水溶性ジェルタイプで洗浄力は弱いですが、使用後の感触はさっぱりしています。油性成分が少ないので界面活性剤を多く配合しています。

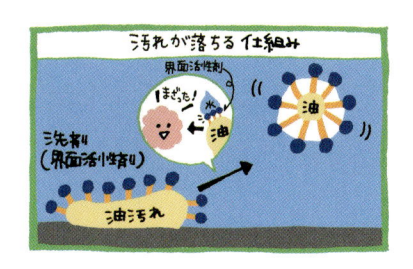

クレンジング力 強 **液状または不織布含浸タイプ**
（クレンジングローション、クレンジングシート）

非イオン性界面活性剤、アルコール、保湿剤の配合が多い。液状タイプはコットンなどに含ませて使用します。物理的ふきとり効果で洗浄力が高い反面、摩擦による肌ダメージに注意が必要。不織布含浸タイプはすでにクレンジング剤が不織布に含まれているので使い方が簡単です。

クレンジングでオフされるもの

- 汚れ
- 皮脂膜（皮脂＋汗）
- NMF

汚れを落とすと同時に、肌に必要なものも少なからず落ちています。表面を保護している皮脂膜が洗い流され、肌のうるおいを保つうえで重要な役割を果たすNMF（天然保湿因子）なども流れてしまう可能性があります。自分のメイクの濃さに応じて、洗浄力の強いものから弱いものまで使い分けましょう。

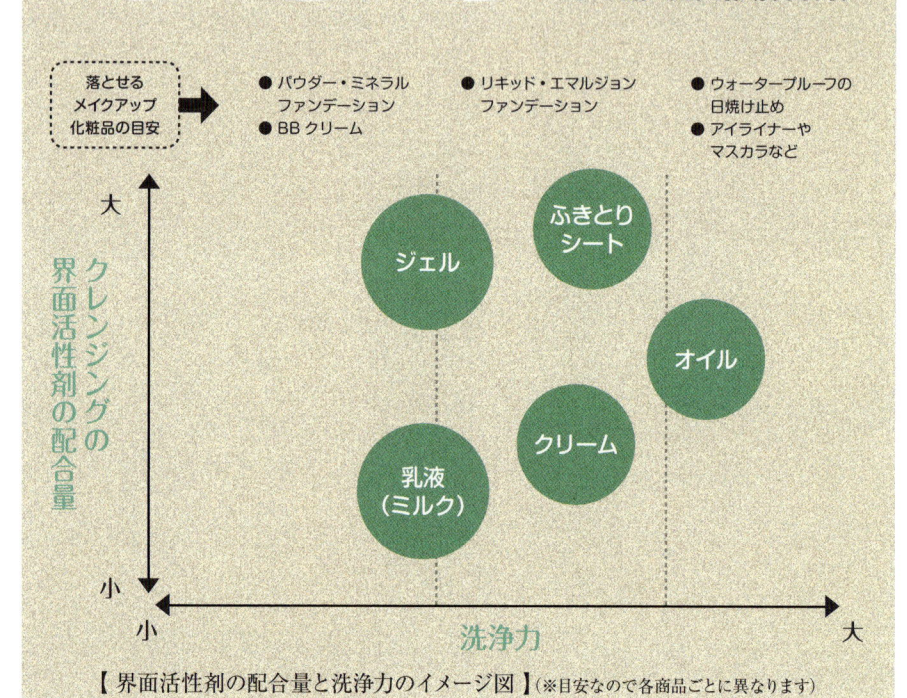

落とせるメイクアップ化粧品の目安 →

- ● パウダー・ミネラルファンデーション
- ● BBクリーム

- ● リキッド・エマルジョンファンデーション

- ● ウォータープルーフの日焼け止め
- ● アイライナーやマスカラなど

クレンジングの界面活性剤の配合量（大⇔小） / 洗浄力（小⇔大）

配置：
- ジェル
- ふきとりシート
- オイル
- クリーム
- 乳液（ミルク）

【界面活性剤の配合量と洗浄力のイメージ図】（※目安なので各商品ごとに異なります）

夜の洗顔の目的

- ● ほこりや汗などの水性の汚れをオフ
- ● お肌のアカである「古い角質」や余分な油分・汚れをオフ
- ● 肌に残ったクレンジング料をオフ

スキンケアの基礎の基礎

洗顔

朝の洗顔の目的は、水洗いでは落ちない寝ているうちに分泌された汗や皮脂、ほこりなどの汚れを洗い流すことです。夜の目的は、肌に残ったクレンジング料を洗い流すことです。「ダブル洗顔不要」と記載されているものは、クレンジング料が肌に残りにくくし、洗顔が必要ないタイプです。

〈 洗顔料の種類 〉　【 おもな成分構成 】

・クリーム
・ペースト状
（洗顔フォーム）

洗浄力 弱～強

使用感、泡だちに優れている。手軽に泡だてることができる。アルカリ性～弱酸性で、目的に応じてベースを選択できる。

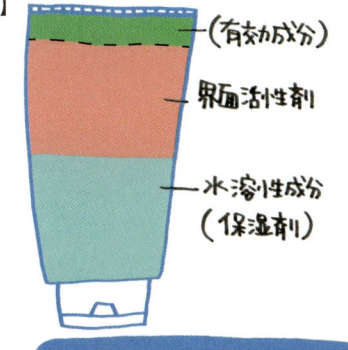

― 有効成分
― 界面活性剤
― 水溶性成分（保湿剤）

クリーム・ペースト状の 洗顔フォーム

固形
（石けん、透明石けん）

洗浄力 中～強

石けんは使用後つっぱり感が出やすい。透明石けんは機械練りの石けんよりも使用後しっとり感が出やすい。

泡
（エアゾール、ポンプフォーマー）

洗浄力 弱～中

内容物は液状。特別な容器により、容器から出てくるときに気体と混ざって泡となる。泡だてる手間がなく便利。

液状または
粘性液状
（クレンジングジェル）

洗浄力 弱～強

アルカリ性～弱酸性。一般的にアルカリ性ベースは洗浄力が強く、弱酸性ベースのほうが洗浄力が弱い。

粒状または粉末
（洗顔パウダー）

洗浄力 中～強

水を配合していないため、水に溶かすと徐々に活性が下がってしまうパパインなど酵素の配合が可能。

※洗浄力は目安です。各商品ごとに異なります。

〈 コスメの素朴なギモン 〉

石けんと洗顔フォーム、どっちがいいの？

いちがいにどちらがいいとはいえません。石けんも界面活性剤の一種です。石けんは洗浄力の強いものが多く、石けんカスが残りつっぱり感が出ます。クリーム・ペースト状の洗顔フォームは、さまざまな活性剤が使えるので弱酸性など肌にやさしい場合もあれば、洗浄力の強い活性剤が使われることもあります。油分を多く配合できるので洗いあがりがしっとりするものが多いです。自分の肌状態や洗いあがりの好みで選ぶことをおすすめします。

石けん

紀元前3000年ごろからある洗浄剤の元祖

石けんはヤシ油やパーム油などの油脂や脂肪酸に、水酸化ナトリウムや水酸化カリウムなどのアルカリ性物質を反応させてできた、**界面活性剤の一種**です。原料として用いる油脂や脂肪酸にはいろいろなものがありますが、その特性により**溶けやすさ、洗浄力、泡の特性**が異なります。石けんの製品には、固形、粉末、液状とあるため、購入のときも成分表示を見てみましょう。

石けんとは？

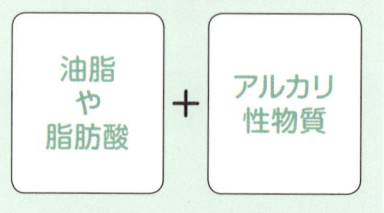

油脂や脂肪酸（ヤシ油やパーム油由来） ＋ アルカリ性物質（水酸化ナトリウム 水酸化カリウム）

検定POINT 〈見た目で分かる石けんの種類と製造法〉

タイプ	保湿力	洗浄力	製造法
透明石けんタイプ	高 ↕ 低	低 ↕ 高	見た目が透明な石けんで、成分中にはグリセリン、砂糖（スクロース）などの保湿成分が入っているので、肌に負担が少ないマイルドな洗浄力。
不透明石けんタイプ			見た目が不透明な仕上がり。グリセリンなどは保湿成分が少なく、石けん成分が多いので**洗浄力は強め**。

検定POINT 肌は弱酸性なのに弱アルカリ性の石けんを使っても大丈夫？

皮膚はpH5前後の弱酸性ですが、pH値がアルカリ性に傾くと過敏になって細菌炎症やアルカリ炎症を起こしやすくなるといわれています。多少の**アルカリ性であれば、体内から分泌される皮脂や汗によって中和され、自然に弱酸性に戻すことができます（中和能）**。たとえば石けん洗顔のあと、皮膚のpHは一時的に8前後になりますが、正常な皮膚の中和能力なら**30分ももたないうちに元の状態に戻す**ことができるのです。炎症を起こしている皮膚は、この機能が衰えているためにさまざまなトラブルを引き起こします。肌のお手入れ用化粧水のほとんどが酸性である理由は、つねに皮膚の表面を弱酸性に保持するためなのです。

酸性 ← → アルカリ性
pHペーパー　化学的中性＝pH7
弱酸性　弱アルカリ性
0 1 2 3 4 5 6 7 8 9 10 11 12 13 14
タンパク質（皮膚・毛髪）

検定POINT 〈石けんの製造方法　けん化法と中和法〉

石けんができる反応には、油脂そのものをアルカリで加水分解する「けん化」と、油脂から取り出した脂肪酸とアルカリを直接反応させる「中和」があります。できた石けん素地を乾かし、固める方法にも、「枠練り」と「機械練り」があります。

```
    石油                    油脂（ヤシ油やパーム油など）
     │ 化学合成        加水分解 │             │ ＋アルカリ
     ▼                  ▼             │  （水酸化ナトリウムなど）
    脂肪酸              グリセリン         │
                        （使われない）      ▼
```

2 中和法

あらかじめ油脂を脂肪酸とグリセリンに分解し、得られた脂肪酸だけをアルカリと反応させる方法です。最初から脂肪酸だけを使うので、不純物を取り除く必要はありません。脂肪酸の種類を選べるので、刺激性のある低級脂肪酸を抜き、泡だちのいいものを多くするなど、特徴が出しやすくなります。

＋アルカリ（水酸化ナトリウムなど）
中和反応

加熱するとけん化

1 けん化法

けん化法は伝統的な石けん製造方法です。釜に入れた油脂とアルカリをかくはんしながら過熱し、けん化反応を起こして石けんをつくります。

石けん・水　　　　　石けん・グリセリン

石けん素地の完成

固める方法

機械練り法
1. 石けん素地を機械でチップ状またはペレッドに裁断し、乾燥する。
2. 十分に乾燥したら香料、色素などを加える。無添加石けんの場合は何も加えない。
3. ロールでよく練りまぜ、機械で棒状に押しだし、それを切断・型打ちして製品とする。

機械練りでは、作業を効率化するために急速冷却・急速乾燥を行います。十分に乾燥できるため、水の含有率が少なく、変形しにくいという特徴があります。

枠練り法
1. 石けん素地に香料、色素などを加える。無添加石けんの場合は何も加えない。
2. 枠の中に流しこみ、長時間かけて冷やし固める。
3. 十分に冷えて固まったら製品の大きさに切断して自然乾燥させる。
4. 型打ちするか、ピアノ線で切断する。

水分を多く含むため、しっとりした洗い心地ですが保存しているうちにその水分が失われて石けんが変形することがあります。

PART 5　化粧品原料と基礎知識

検定POINT 肌を整えるもの スキンケアアイテム

洗顔後の肌は水分がどんどん蒸発します。放っておくと乾燥や肌あれの原因になりやすい状態です。化粧水や乳液、クリームなどでうるおいを補い、モイスチャーバランスを整えることが重要です。

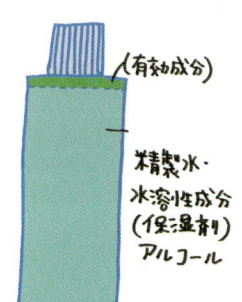

（有効成分）
精製水・
水溶性成分
（保湿剤）
アルコール

保湿に欠かせない
化粧水

水分を与え、うるおいのある肌にします。

※化粧水でも美容液のように美白、抗しわ、抗アクネなどの有効成分を配合したものも増え、目的も種類も豊富になってきています。

（柔軟）化粧水
一般的に化粧水とよばれるものにはこのタイプが多い。保湿成分が角層に水分を与え、皮膚を柔軟にして、みずみずしく、なめらかでうるおいのある肌を保ちます。

収れん化粧水
脂性肌、混合肌（皮脂の多い）の方や、Tゾーン部分使いなどがおすすめ。角層に水分、保湿成分を補うほかに、収れん作用（毛穴の引き締め）・皮脂分泌抑制作用をもつもの。アルコールの配合量も多く、さっぱりとした使用感で、皮脂分泌を抑制し、化粧くずれを防ぎます。

ふきとり化粧水
軽いメイク落としとして、あるいは余分な角層をとるために使用。そのため界面活性剤も配合しており、保湿剤、エタノールを多く含みます。

コスメの素朴なギモン

のばしてすぐにサラッとする化粧水は浸透力が高い？

本当に浸透している場合と、アルコールで揮発している場合があります。また、肌の中に入ることと奥深く入ることはイコールではありません。ですから、使い心地だけで効果は判断できません。

肌に水分と油分をしっかり蓄える

乳液

化粧水とクリームの中間で、肌に水分と油分をバランスよく与えられます。日中用と夜用の2種類ある場合もあり、日中用は紫外線カット剤が配合されているタイプもあります。さっぱり・しっとりなど、使用感の違いによって何種類かに分かれているので肌質や季節で選びましょう。

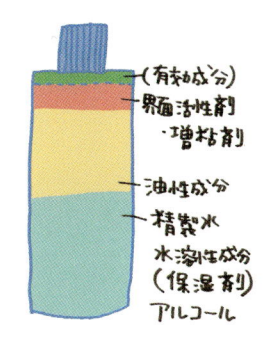

肌のうるおいをキープ

クリーム

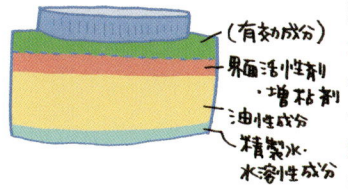

油分を中心に与え、うるおいを補います。乳液より油性成分が多く、保湿効果の持続が期待できます。化粧水などの水分の蒸発を防ぐ効果があります。クリームに高機能なものがあるのは、安定的な乳化やゲル化により、効率（効果）的に有効成分を配合しやすいベース形状だからといわれています。また、季節、使用者の年齢、生活環境、肌質などによって使用感やタイプが何種類にも分かれている製品もあります。

コスメの素朴なギモン

化粧水のつけ方

手でつけた場合とコットンでつけた場合、それぞれのよさや難点を理解して、自分に合った方法を選びましょう。

	手	コットン
利点	肌への刺激が少なく、ぬくもりで浸透効果を高めることも可能。化粧水の使用量がコットンに比べて少なくすむ。	肌表面を整えながら塗布することができるので、浸透しやすく均一にのばしやすい。
難点	むらにつきやすい。	強すぎると摩擦による刺激で、肌が傷つくことがある。
注意点	清潔な手でつける。目の周りは力を入れない。	化粧品の使用量が手に比べて多くなる。肌との間に摩擦が起こらないよう、ヒタヒタになるまで液をしみこませて使う。肌の上でこすらないように。

PART 5　化粧品原料と基礎知識

\検定にも出ます！/

コスメTOPICS

一般的なクリームのつくり方

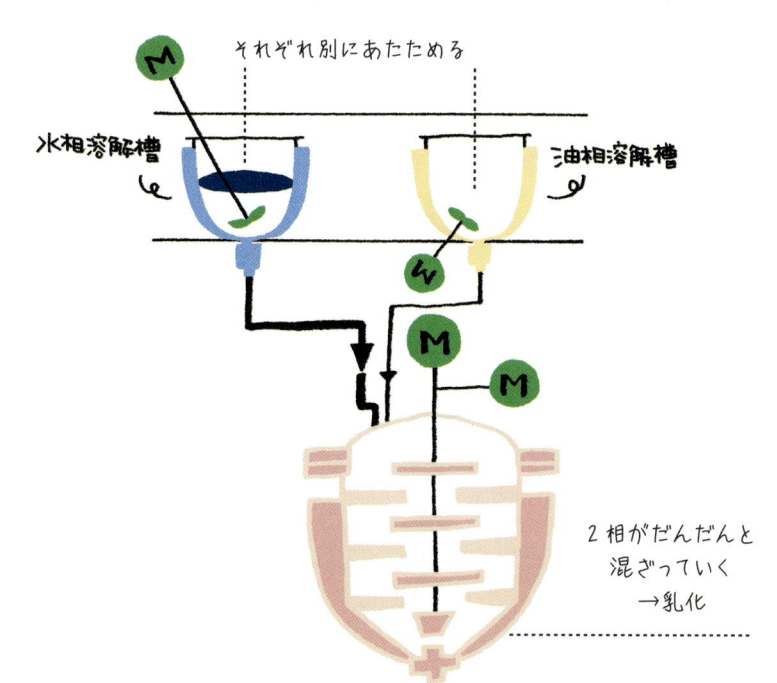

それぞれ別にあたためる

水相溶解槽　　　　油相溶解槽

2相がだんだんと混ざっていく
→乳化

ホモミクサー
↓
脱気 真空にして空気を抜く
↓
メッシュと呼ばれる同じ大きさの網状のもので漉す
↓
冷却
↓
貯蔵
↓
充てん

乳液やクリームなど、**水と油のように溶けあわない液体を混ぜあわせることを「乳化」**といいます。一般的なクリームの製品についてつくり方を簡単に紹介します。

みずみずしい見た目で人気もの
ジェル

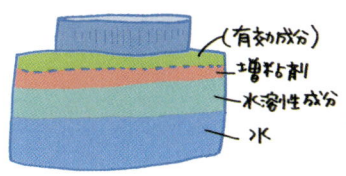

透明〜半透明のみずみずしい感触のジェル。**水性ジェルは水分を多量に含ん**でいるため、肌への水分補給、保湿効果、清涼効果があります。使用感的にはみずみずしく、さっぱりしていて清涼感が感じられるため、夏期や脂性肌用の製品に多く利用されています。

〈 剤型の特徴のまとめ 〉

O 型	オイル	油性成分だけでつくられたもの
W/O 型	クリーム	油性成分の中に、水溶性成分の粒が散らばった形
O/W 型	ジェルクリーム	水溶性成分の中に油性成分がまんべんなくちりばめられたタイプ
W 型	ジェル	水溶性成分がおもな剤型

油性成分が多い ↑↓ 水溶性成分が多い

目的別の肌悩みに合わせて選んで
美容液

美容液は名称からも高い効果を感じさせるイメージがあります。**有効成分を多く配合し**、通常のお手入れに取りいれることで、効能・効果、使用感触、美容システムなどを補うスキンケアとして、付加価値の高い化粧品をさします。

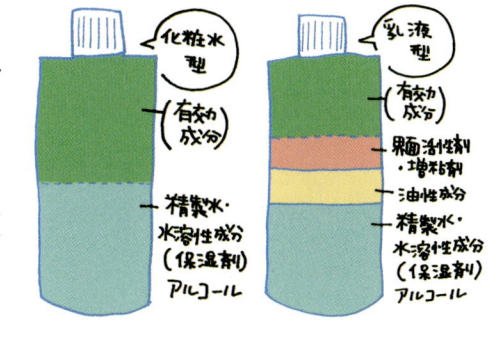

コスメの素朴なギモン

美容液がもっとも美容効果が高いのか？
スキンケア化粧品につける**種類別名称はメーカーが自由につけられます**。したがって、美容液の定義として、有効成分の配合量が決まっているわけではありません。そのため、あるメーカーの美容液より、ほかのメーカーの化粧水や乳液のほうが有効成分がたくさん配合されている場合も。

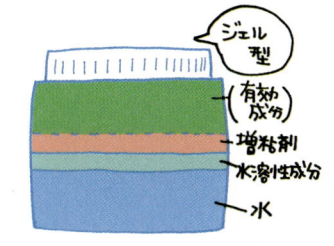

スペシャルケア

肌へのお助けアイテム

スキンケアの基本ステップに加えて、目的を絞った化粧品を使ったスペシャルケア。さらに肌の調子を整えるための化粧品について、その目的と使用方法をご紹介します。

1 ブースター（導入美容液、導入化粧水など）

通常美容液というと、化粧水などのあとに使うイメージがありますが、ブースターは化粧水の前に使うもの。なぜなら、肌を整えたり、やわらかくする働きのある成分が配合されているので、その後のスキンケアの有効成分の浸透を高めるのです。硬くなってしまった角層になじんで浸透することで、その後の化粧品を効率的に肌に届けます。

どんなときに使う？

化粧水や美容液などの効果をアップさせたいときなどに、洗顔後、化粧水の前に使うのが一般的。

2 パック（マスク）

大きく分けて化粧水や美容液などを浸透させたシートパックと乾燥させてはがすピールオフパックなどがあります。シートパックは保湿や各肌悩みに対応したもの。ピールオフパックは汚れや不要な角質を取り除く効果があります。

どんなときに使う？

ピールオフパックは、はがすときに古い角層を取り除く強力な作用があるため、週に1回くらいにするなどパックのタイプによって使用頻度や目的がさまざま。肌の状態と、それぞれの製品についた使用の目安を参考に。シートパックは各肌悩みに合わせて効果のあるものを選んでみてください。使用目安は毎日行っても大丈夫です。こちらも各製品パッケージを参考に。

3　マッサージ用化粧品

マッサージによる血液やリンパの循環を高め、肌機能の向上を助ける成分を与えるのが、マッサージ用化粧品。クリームのほかにオイルや乳液などさまざまなタイプがありますが、いずれも油性成分の配合を高め、手のすべりをよくすることで摩擦によって肌を傷めることなくマッサージができます。

どんなときに使う？
肌が疲れて血色が悪くなってきた、むくんでいる、など代謝が悪いときに使用するとよいでしょう。肌のハリ・弾力維持のために、毎日マッサージするとより効果的。力を入れすぎないことがポイント。

4　ピーリング・ゴマージュ（スクラブ）

角層に古い角層がたまってくると、くすみの原因になります。そんなときにおすすめなのが、医療機関でのケミカルピーリングやゴマージュです。古い角層を物理的に、または溶かしてとるケア方法です。医療機関でのケミカルピーリングは酸を使った薬剤で肌をやわらかくし、化粧品のゴマージュやスクラブは粒子の力で肌表面の古い角層をはがしていく、という違いがあります（※古い角層をとってターンオーバーを正常に戻したいのなら、ピールオフパックを使用するという方法もあります）。

※化粧品でもAHA（フルーツ酸）やサリチル酸などの酸を使った商品がありますが、医療機関で行なうものと異なり、緩和な作用であるため、薬事法上「ピーリング」と記載できますが、「ケミカルピーリング」とは表示できません。

どんなときに使う？
毎日使うには刺激が強いアイテムですが、2週間に1回、1カ月に1回のようなペースでデリケートな部位以外に使用。ターンオーバーの遅くなった肌にとっては新陳代謝が促進されて有効です。

3 男性肌の特徴

男性肌および男性化粧品について

男性の肌は女性の肌と比較した際、構造上・環境下の違いがそれぞれあります。その特徴を知れば、より効果的なお手入れができるでしょう。

検定POINT 構造上の違い

男性の皮膚は女性に比べ**約0.5mm厚い**といわれていますが、脂肪層は女性のほうが多いです。**水分量も男性のほうが30〜40%も少ない**ため、女性の皮膚はみずみずしくやわらかくて弾力性があるのに対し、男性の皮膚はきめがあらくなっています。

	男 ♂	女 ♀
皮膚の厚さ	女性より約0.5mm厚い	約2mm
水分量	30〜40%少ない	みずみずしい
きめ	あらい	こまかい

検定POINT 皮脂分泌量の違い

男性の皮膚は男性ホルモンの影響で、**思春期のころから皮脂の分泌が盛んになり、女性の約2倍の皮脂量を分泌**します。女性は加齢とともに皮脂の分泌量が低下しますが、男性はあまり減少しません（グラフ参照）。そのため自然に毛穴も大きく開き、汚れが詰まりやすくなるので、いつも清潔にすることが必要。逆に、皮脂が多いことで乾燥しにくく、しわなどになりにくい利点も。また、男性は**シェービング(ヒゲそり)** を行います。これは、ヒゲをそりおとすだけではなく、**肌表面の角質や皮脂膜まで必要以上に削いで**しまうため、肌あれの原因になることがあります。

【 年齢による皮脂分泌量の変化 】

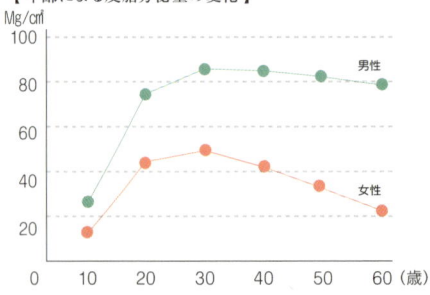

男性化粧品の種類

男性化粧品には洗顔料や化粧水など、ほぼ女性と同様の商品があります。皮脂量が多いので、**成分的には油分量の少ない処方**になっています。**使用感もさっぱり**したものが好まれるようです。とくに男性はスキンケア化粧品よりもヒゲそり用化粧品の使用頻度がきわめて高いので、ここではヒゲそり用化粧品の分類を紹介しています。

	名前	特徴や目的
ヒゲそり前	シェービングソープ	石けんに似た特徴をもっていますが、相違点は**洗浄力が低く、均一で粘りがあり濃厚で持続性のある泡質**を重視している点です。ヒゲをやわらかくさせ、ヒゲそりによる肌あれを防止します。※エアゾールタイプのほうが使用時の簡易さで人気。
ヒゲそり前	シェービングクリーム	40～50%の石けんを含み、水でぬらした肌に塗り、ブラシで泡だてて使います。**石けん水でヒゲを膨潤**、**やわらかくさせ**、そりやすくします。
ヒゲそり前	プレシェービングローション	電気カミソリの普及に伴い多く使われるようになった、化粧水タイプのもの。**すべりをよくするタイプ**と、**肌を引き締めて、ヒゲを立たせる**ことでそりやすくしているタイプもあります。
ヒゲそり後	アフターシェービングローション	カミソリ負けや、肌あれを防止します。**アルコールで清涼感、殺菌効果**を出しているタイプ、**メントール**や**カンフル**で**清涼感、消炎作用**を出しているタイプ、**粉末配合**による**皮脂分泌を抑制**するタイプなどがあります。

> コスメの素朴なギモン

スーッとする清涼感はどうやってつくるの？

男性化粧品には欠かせない、スーッと感を出す成分はおもにこの3つ。
- ■アルコール：エタノール→蒸発したときに熱を奪うので肌がスーッ！
- ■メントール：ハッカ油の中に含まれる成分→皮膚で冷感を感じる部分を刺激。
- ■カンフル：クスノキの原木からとれる精油成分→冷感を刺激し、血行改善、軽い興奮を促し、かゆみや痛みを感じにくくします。

PART.5　化粧品原料と基礎知識

メイクアップ化粧品
について

顔というパーツを彩り、より印象的な顔だちに仕上げる
メイクアップ化粧品の基本的な知識をご説明します。
おもに配合される成分などを知ることで、
より深くメイクアップ化粧品の知識が取り入れられるはずです。

4 メイクアップ化粧品の基本となる原料

基本的な粉体の構成を学びましょう

メイクアップ化粧品を構成している原料は着色顔料、体質顔料、真珠光沢顔料などの粉体部分と、これらを分散させベースとなる基剤部分からなり、両者の配合比率を変えることにより種々の剤型のものがつくられます。基剤には、流動パラフィン、ワセリン、ワックス類、スクワラン、合成エステル、シリコーンなどの油分、グリセリン、プロピレングリコールなどの保湿剤、界面活性剤などが使われます。このほかの原料として防腐剤、酸化防止剤、香料などがあります。メイクアップ化粧品では化粧効果の面から、とくに付着性や着色性が重要ですが、これらの機能は粉体部分に負うところが大きくなります。

> 検定 POINT

〈 メイクアップ化粧品に用いられる原料 〉

ベースになる粉体
タルク、マイカ、セリサイト、炭酸カルシウム、合成金雲母、硫酸バリウム、窒化ホウ素、雲母チタンなど

色をつけるための成分
酸化チタン、酸化亜鉛、タール色素、β-カロチン、ベンガラ、黄酸化鉄、黒酸化鉄、群青など

つなぎとなる成分
スクワラン、ワセリン、シリコーン、レシチン、ミネラルオイル、パラフィン、ワックス、精製植物油、美容液成分など

〈 粉体のしくみ 〉

メイクアップ化粧品の質感を決める粉体。

ツヤ肌に見せる板状粉体
板状（正反射）
強い光！

肌にあたる光を強くはね返す「反射板」のような役割をするのが板状の粉。これを多く入れると、ツヤツヤとした輝きが出るので、若々しい肌を演出できます。おもに体質顔料などに使われます。

マット肌に見せる球状粉体
球状（拡散反射）
やわらかい光！

肌にあたる光をさまざまな方向に反射（拡散反射）させる丸い球状の粉。すべすべでやわらかそうな質感を演出し、肌の凹凸をぼかす役割もあります。おもに合成高分子粉体などが使われます。

5 原料を知って賢く使える！ UVケア化粧品

UVカット剤はUVケア化粧品を処方するうえで、もっとも特徴的な原料のひとつ。UVカット剤には、微粒子粉体が**紫外線を吸収**して変化させる**吸収剤**と、微粒子粉体が**紫外線を反射する散乱剤**があります。一般的に日焼け止め化粧品はその2種類を組み合わせて高い効果を付与しているものが多いのですが、近年では**敏感肌用として散乱剤のみを使用**した日焼け止め化粧品（ノンケミカル処方なども表記されている）も販売されています。

□UVケア化粧品選びのポイント
□紫外線防止効果が十分であること
□安全性が高いこと
□使用感触に違和感がないこと
□汗や水で落ちないこと
□衣服に着色しないこと

〈 おもな紫外線カット剤 〉

化学反応でブロック

ケイヒ酸系、ベンゾフェノン系、トリアジン系のケミカル物質が、紫外線を取り込み別のエネルギーに変換するという働きが。肌に塗ったときに白浮きして見えず、自然な仕上がりになる成分ではありますが、刺激を感じる人もいます。

反射でブロック

微粒子酸化チタンや微粒子酸化亜鉛の皮膜で、物理的に紫外線をはね返すノンケミカル成分。UV-A〜B波まで幅広く散乱でき、かぶれるなどの症状が起こりにくいので、肌が弱い人にはおすすめです。肌に塗ったときに白くなるはこの成分のため。現在は細かい粉体もあり、白くなりにくくなりました。

UVケア化粧品の種類と特徴

乳化タイプ	**O/W 型 (Oil in Water)** よく使われる基剤で、品質安定性がよく、使用感もよいが、耐水性がやや低い。ノンケミカル処方や、低SPFから高SPFまで幅広い製剤が可能。	乳液タイプ
	W/O 型 (Water in Oil) 使用感触ではO/W型に劣るが、もっとも汎用されている基剤。耐水性や紫外線防止効果に優れ高SPF製品に多く使われている。	ウォータープルーフタイプに多い
ローション、オイル、ジェル	乳化タイプに比べさらりとした使い心地。紫外線散乱剤は粉体でできているため混ざりにくく、配合しにくい。その場合、紫外線吸収剤が使われる。	
エアゾール	手の届かない背中などにも塗りやすく、手がべたつかず使用性がよい。夏の高温下での使用場面を考えると、高圧ガス容器からの漏れや爆発の懸念がある。	
スティックタイプ	耐水性などに優れているが、塗布時の「のび」が重いため、鼻や頬など日焼けしやすい部位の部分使用に適している。	

汗、水に強いウォータープルーフのUVケア化粧品であっても、衣服や動作による摩擦や、汗や皮脂が肌の中から出て物理的に押しあげることが原因で落ちてしまうことがあります。

サンタン化粧品

皮膚を赤くするUV-Bをカットしながら、均一で美しい日焼け色の肌をつくるためのもの。製品形態としてはオイルタイプがもっとも一般的ですが、乳液、ジェル、ローションタイプのものも多く発売。オイルタイプは製品の性格上、浜辺で使用される場合が多く、砂の付着が少ない処方のものが好まれます。

セルフタンニング化粧品

肌に影響を与える紫外線を浴びずに小麦色の肌をつくりだす化粧品。塗るだけで、皮膚を褐色に変化させる成分、ジヒドロキシアセトン(DHA)を配合。塗ると皮膚角層の上層にのみ作用するため、数時間で褐色変化し、水洗いしても色落ちせず、角層の剥離が進むにつれてしだいに消えていきます。

アフターサン化粧品

アフターサン化粧品は、紫外線を受けた皮膚をお手入れするためのもの。サンバーンのような一時的な炎症には亜鉛華のような粉末や、抗炎症剤の配合されたカラミンローション(多層式化粧水)や水性ジェルなどが有効です。また水分の減少した皮膚には、保湿効果の高いローションや乳液、パックが必要。日焼けによる色素沈着の回復には、ビタミンCやその誘導体、プラセンタエキスなどが古くから用いられていますが、最近ではコケモモの成分であるアルブチンや麹の成分であるコウジ酸などの有効性も知られています。

化粧下地

\仕上がりを左右するので手抜きはNG/

6 きれいな肌のキーアイテム ベースメイクアップ化粧品

化粧下地にはきめや**毛穴などをカバー**して、**メイクののり**や**もち**をよくする働きがあります。加えて、以下の効果を持たせたタイプもあります。
- **色補整効果** 肌くすみを払って肌色を明るく整える効果。ファンデーションを厚塗りしなくても美しい仕上がりになります。
- **光効果** 光沢やツヤで顔の立体感やメリハリを出します。
- **UVカット効果** UVカット剤を配合。日焼け止めと処方が似ており、日焼け止めを化粧下地として使う場合もあります。

部分用

オイルコントロール

皮脂吸収ポリマーやタルク、毛穴をカバーする球状粉体などが配合されているのがこのタイプ。さらりとした肌が長つづきします。てかりを抑えたい人におすすめです。

全顔用

みずみずしい

このタイプは**抱水性成分**や**エモリエント成分**が多いほど、みずみずしい感触に。とくに乾燥が気になる方におすすめです。

パール系

パール系はマイカや合成金雲母、ガラスを**酸化チタン**でコーティングしているため、ツヤと立体感がポイント。シミやくすみのカバーにおすすめです。

検定POINT 顔色を整えるコントロールカラー

目の下のくまや頬の色濃いシミ、そばかす、頬や小鼻わきの赤み、全体的な肌の黄みやくすみなど、さまざまな肌の「**色ムラ**」**を整える**のがコントロールカラーです。

- **ピンク** 淡いピンクは**血色のよい肌色**をすばやく再現。やわらかな肌感触を思わせる仕上がりは、色白肌ほど効果的。
- **イエロー** 肌色の**にごりや色沈みを明るくカバー**して、健康的なスキントーンに微調整。黄み系の肌にも浮かない万能色。
- **グリーン** 赤ら顔など、**頬やニキビの跡の赤みを相殺**するのが**グリーン**。赤みが気になるところにだけ、ポイントで使用して。
- **オレンジ** くすみ感がより強い、ダークな茶ぐすみ系の肌色悩みに効果を発揮。**クマやたるみ**などの「**影色消し**」にも有効。
- **パープル** 肌色に**澄んだ透明感**をまとわせ、エレガントに見せるカラー。黄ぐすみしがちな肌色の黄みを抑える働きも。

化粧下地、ファンデーション、パウダー類のことを指し、肌の色や質感を変え、肌のきめを整え、紫外線から肌を守ります。

ファンデーション
\ メイクアップのかなめ /

ファンデーションは肌色補整、質感の修整、シミやそばかすなどのカバー、紫外線などの外界刺激からの保護、トリートメント性などの機能をもっています。ファンデーションにも非常に多くの色タイプがありますが、それは、年間を通して変化する肌の色や日本の気象条件も大きく影響しています。

〈肌の色に合わせた4つの色調〉

この4つの色調をベースに各化粧品メーカーは4〜10色のバリエーションを用意していることが多いです。

| イエローオークル系 | オークル系 | ピンクオークル系 | ピンク系 |

イエロー ←――――→ ピンク

〈季節に合ったファンデーション選び〉

夏の肌　高温多湿で汗や皮脂が多く出る

求められるファンデーション

①化粧くずれしないために**粉体の表面をシリコーン**などで**水をはじく**処理をしたものを配合

（水をはじく／粉・シリコーン）

②さっぱりとした使用感触にするため、化粧用具であるスポンジに**水を含ませても使用できる両用**ファンデーション

③強い紫外線から肌を守るため、紫外線防御効果のある**日焼け止め**ファンデーション

冬の肌　低温度で乾燥する

求められるファンデーション

①うるおいを考慮したクリームファンデーション

②クリームファンデーションに**ワックス**を加えて、**エモリエント効果が高いエマルジョン**ファンデーション

PART 5　化粧品原料と基礎知識

〈ファンデーション類のタイプ別分類〉

種類	配合比	特徴
ルースタイプファンデーション	粉:油 9.5:0.5	**ルースタイプ**。肌色補整、脂浮きを抑える。ブラシでつけると軽い仕上がりに
パウダーファンデーション (水なし・両用)	粉:油 9:1	**プレストタイプ**。肌色補整や化粧直し、携帯に便利、脂浮きを抑える
スティックファンデーション	粉:油 6:4	**油性タイプ**。つきがよく、カバー力が高く、水にも強い。シミやそばかすなど欠点をカバーしやすい
エマルジョンファンデーション	粉:油 5:5 油性タイプの例	**油性タイプ**。つきがよく、水に強く、エモリエント効果が高い W/O型乳化タイプ。乳化剤・保湿剤配合。化粧もちがよく、携帯に便利
クリームファンデーション	粉:油:水 2:2:6 W/O型の例	O/W型乳化タイプ。乳化剤・保湿剤配合。のびがよくトリートメント性が高い **W/O型乳化タイプ**。乳化剤・保湿剤配合で化粧もちがよい
リキッドファンデーション	粉:油:水 1:2:7 O/W型の例	**O/W型乳化タイプ**。乳化剤・保湿剤配合。のびがよくトリートメント性が高く、みずみずしい仕上がり W/O型乳化タイプ。乳化剤・保湿剤配合。化粧もちがよい

新顔ベースメイク

手軽さが受けて人気急上昇

〈 BBクリーム・CCクリーム 〉

BBとは「ブレミッシュ(傷んだお肌を) バルム(修復する)」の略称。もともとはピーリング後の肌の炎症を抑え赤みをカバーする保護クリームとして開発されました。抗炎症効果のある「甘草エキス」や、やけどの修復効果がある「アラントイン」、保湿効果がある「シア脂」が入っているのが特徴です。現在ではこれらが入っていなくても、O/W型の粉の量が少なく、リキッドよりクリームっぽいファンデーションもBBクリームとされています。

CCクリームの「CC」とは、"Color Control"(カラーコントロール＝色を調整するクリーム)、"Complete Correction"(コンプリートコレクション＝完全な補正)や"Combination Cream"(コンビネーションクリーム＝組み合わせクリーム)など、メーカーによってその意味はさまざま。商品の特長としては、BBクリームよりも軽い仕上がりと高いスキンケア効果を持ち、肌の色味を整えることでお肌をキレイに魅せてくれるクリームです。

〈 ミネラルファンデーション 〉

頻繁に市場で見かけるようになった、ルースタイプのファンデーションです。ここで使われているミネラルとは無機物質のことです。特別なもののように思われますが、通常のファンデーションにもよく使われています。マイカ、酸化チタン、酸化亜鉛、酸化鉄、シリカなどがそれにあたります。

PART 5 化粧品原料と基礎知識

> コスメの素朴なギモン

メイクをしたまま寝たらどうなるの？

時間がたつと、肌が分泌する皮脂や汗・メイクの汚れは酸素と結びついて、過酸化脂質へと変化。これが毛穴の黒ずみや汚れの原因に！　メイクをしたあとの、クレンジングと洗顔は、キレイなお肌を保つために必須です。

フェイスパウダー

ベースメイクの総仕上げ

ファンデーションをより定着させ、化粧くずれを防ぐ役目をもっています。

〈 フェイスパウダーの種類と特徴 〉

形状

- **プレストタイプ**
  携帯に便利で化粧直しがしやすい固形タイプ

- **ルースタイプ**
  粉末状で朝のメイクの仕上げに使用

質感

- **マットタイプ**
  量の調節により、マットやハーフマットな質感に

- **パールタイプ**
  パールを含み、ツヤのある質感に仕上がる

色

- **ルーセントタイプ**
  ファンデーションの色を生かし、透明感のある肌に

- **不透明タイプ**
  ファンデーションの仕上がりに色と立体感をプラス

コスメの素朴なギモン

フェイスパウダーの使い方

①ツヤだし
フェイスパウダーをブラシでつけ、最後にくるくるとなじませながら払っていくと、透明感のある仕上がりになる。

②化粧直し
皮脂でテカった化粧くずれを直すには、再度ファンデーションを塗りかさねるよりも、薄づきに仕上がるフェイスパウダーが最適。ティッシュで皮脂を押さえてから、パウダーをはたく方法がおすすめ。

〈パウダータイプのメイクアップ化粧品のつくり方〉

パウダータイプのメイクアップ化粧品は、乾式製法か湿式製法のどちらかでつくられます。ルースタイプのものは乾式製法、プレストタイプのものは乾式製法または湿式製法で圧縮成型してつくられます。これはファンデーションに限らず、チークやフェイスパウダーでも同じです。

湿式製法

比較的新しい製法。粉体をリキッド状にして、その後成分の一部を揮発させて固めます。ふんわりとしたやわらかでしっとりした仕上がりになります。

- 液体に粉体などを混ぜあわせリキッド状にします
- ベースを金皿に移します
- プレス
- やさしくプレスしたあと、成分の一部を蒸発させて完成

乾式製法

一般的に使われる製法。さまざまな粉体を混ぜあわせ、圧縮成型してつくられます。密着力が高く発色のいい仕上がりが可能です。

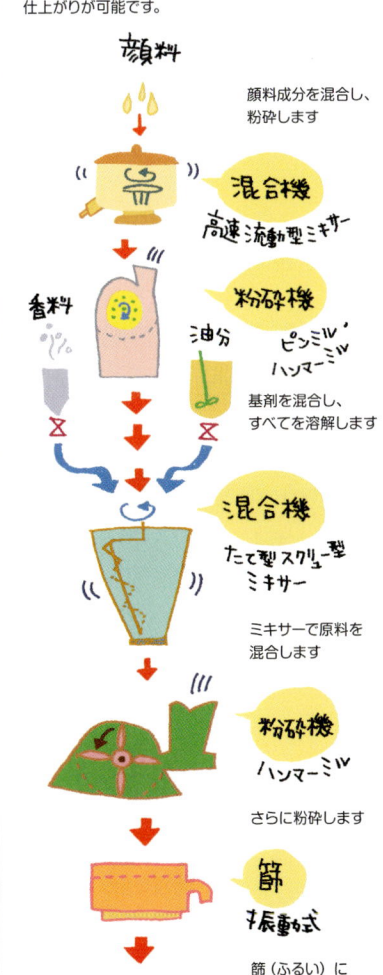

- 顔料成分を混合し、粉砕します
  - 混合機：高速流動型ミキサー
  - 粉砕機：ピンミル、ハンマーミル
- 基剤を混合し、すべてを溶解します
  - 混合機：たて型スクリュー型ミキサー
- ミキサーで原料を混合します
- さらに粉砕します
  - 粉砕機：ハンマーミル
- 篩(ふるい)にかけ成型します
  - 篩：振動式

7 表情を美しく彩る ポイントメイクアップ化粧品

検定POINT

〈 メイクアップと色について 〉

メイクアップ化粧品について語る前に、「色」についての説明です。色がわかる、見える、ということはどういうことかの基本をみてみましょう。

〈 色の認識 〉

「何色かわかる」というしくみは、光源からの光が物体にあたって反射した光を目が受けとめ、視細胞が明暗や青、緑、赤に反応し、その刺激が信号として脳に伝わることによって、色を認識しています。

光源 → 物体 → 目「赤い花だ！」

〈 光の特徴 〉

自宅の照明の下でメイクしたあと外で鏡を見ると、思ったのと違う仕上がりだと感じたことはありませんか？光は自然光源と人工光源とに分けられ、それぞれの光によって色の見え方が違ってくることが原因です。

自然光源 太陽光	人工光源 蛍光灯	人工光源 白熱光
目には無色に感じるが、人の目に見える範囲のすべての色を含んだ光。	白っぽく、やや青みがかっている光。やや青みを帯びて見える。	暖かみを感じる、黄〜赤みがかった光。やや赤みを帯びて見える。
忠実に色を表現　＞	やや近い表現　＞	表現しにくい

〈 色を表す"物差し"＝色の三属性 〉

すべての色を共通して理解し、表現するための基準を3つの属性で表現します。

① 色相 （有彩色）	② 明度 （有彩色／無彩色）	③ 彩度 （有彩色）
赤・青・黄といった色み・色合いのこと。色みをもつ有彩色と、色みをもたない無彩色（白・灰色・黒）に分けられます。	色の明るさ、暗さの度合いのこと。高明度（明度が高く明るい領域）、中明度（明度が中くらいの領域）、低明度（明度が低く暗い領域）に分けられます。	色の鮮やかさの度合いのこと。高彩度（色みが冴えた鮮やかな領域）、中彩度（色みが中くらいの領域）、低彩度（色みがにぶい領域）に分けられます。色みがないものは無彩色。
赤　緑　青	高　　　　低	低　　　　高

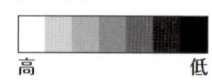

顔色をよく、華やかに見せる立役者
口紅 リップグロス

唇の構造は皮膚と異なり、皮脂膜、角層が極めて薄いため、水分蒸発速度が速く、角質水分量も少なめです。スキンケア同様、口紅においても唇のモイスチャーバランス（水、保湿剤、油剤の適正なバランス）を整えるさまざまな工夫が必要です。

〈 構成成分 〉

固形の口紅、液状のリップグロスなどの剤型や、それぞれのテクスチャーは、配合されている顔料と油性成分の量、さらに粘度とのバランスでその性質が大きく変わります。とくに、口紅の処方は約9割程度、油性成分が使われているため、粘度の高い油性成分を多くすればこっくりとした質感になり、少なくすればみずみずしい印象になります。

【口紅を選ぶポイント】

☐ 口唇に対し無刺激、無害であること

☐ 不快な味やにおいがないこと

☐ なめらかに塗れて、にじみがなく、必要な時間保持されること

☐ 保管あるいは使用中に折れたり、変形、軟化することなく、スティック状を維持していること

☐ 発汗、発粉など経時変化がないこと

☐ 魅力的な外観を維持し、色調変化がないこと

発汗・発粉とは？

液体が表面に出てくる「発汗」、表面が白く粉をふく状態が「発粉」。どちらも古くなったものに現れます。

PART 5 化粧品原料と基礎知識

〈 仕上がりの違いについて 〉

マット 　顔料を多めに配合。また揮発する油性成分を配合し、皮膜材と顔料を唇にピタッと密着させます。やや乾きやすい傾向があります。

ツヤ 　顔料を少なめに配合。顔料が少なく、油性成分が多いため、ツヤ感あふれる質感になります。また、パール顔料を加えると、光によるツヤ感を出すことができます。

ぽってり唇になるリップとは？

縦じわ改善
〈 マキシリップ原料入り 〉
線維芽細胞を活性化させ、唇の縦じわを改善してふっくらハリのある唇に見せます。

原料そのものが膨らむ
〈 膨らむヒアルロン酸 〉
ヒアルロン酸を特殊技術でフリーズドライしてナノ化した成分で水分を吸収して6倍に膨らむため、唇もぷっくり。

血行促進をさせる
〈 カプサイシン入り 〉
新陳代謝をUPし、血行をよくすることで口唇をふっくらさせます。

チーク
ベースメイクの総仕上げ

頬紅、チークは**血色に加えて、立体的な頬の膨らみを強調し、女性らしい丸みを演出**するアイテムです。しかし、原料だけをみてみると、**チークの処方は同じ剤型のおしろいまたはファンデーションとほぼ同じ**なのです。一般的に色がはっきりつくのは好ましくないため、カバー力はファンデーションなどに比べ少なめ。着色顔料は1～6％程度配合されています。また、**染料は肌に色がついてしまうため使用しません**。

【チークを選ぶポイント】

☐ ファンデーションなどとなじみやすく、ぼかしやすいこと
☐ 色変化がないこと
☐ 適度な被覆力、光沢、付着性があること
☐ 容易にふきとりやすく、皮膚に染着しないこと

〈 種類と特徴 〉

リキッド・練りチーク・クリーム
リキッド、エマルジョン、クリームタイプのチークは**適度なうるおい**と、**密着感**が特徴。

パウダー
プレストタイプ、ルースタイプと2種類。**ふわっとしたやわらかな質感**を演出。

8 アイメイクアップ化粧品

第一印象を大きく左右する目力づくり

検定POINT 顔のパーツを彩るポイントメイクアップ化粧品について基本的な知識をレクチャーします。

アイメイクアップ化粧品には、中身と形の組み合わせにより、さまざまな種類の製品があり、とくに安全性に十分な配慮を要します。安全性に厳しい順に並べると、アイライナー＞マスカラ・アイシャドウ＞アイブロウとなり、目の粘膜に近い順となっています。

〈 アイメイクアップ製品のおもな種類 〉

- マスカラ
- アイライナー
- 眉墨（アイブロウ）
- アイシャドウ

安全性について

すべての化粧品において安全性はたいへん重要なことですが、とくにアイメイクは目に入ってしまうことがあるために、厳しく規制されています。

微生物汚染対策

製品が目に入ることがあるので、微生物による汚染対策を注意しなくてはいけません。とくに水系のアイライナーやマスカラなど、使用した筆やブラシを容器に入れるタイプのものは菌が繁殖しやすいものが多いので、十分注意する必要があります。原料や、製造工程、容器などに滅菌処理を行ったり、また、2次汚染防止のために化粧品の成分に防腐剤の処方をしています。

配合できる顔料

アイメイクアップ用顔料としてはおもに黒色、赤色、黄色の酸化鉄。群青、カーボンブラックなどの無機顔料やタルク、カオリンのような体質顔料、チタン・マイカ系のパール顔料など無機系のものを使用。有機顔料でも安全性の高い天然色素や、厚生労働省が化粧品用として許可した顔料は使用可能です。海外向け製品では、その国や地域の規制を受けます。

アイシャドウ
\ 目元に彩りを添える /

アイシャドウの多彩な色を出すためには、従来の無機顔料のほか、最近種類の多くなったチタン・マイカ系有色パール顔料を加えることも。これにより光沢を与えたり質感のバリエーションを出しています。**粉体の表面を疎水化処理**した顔料を用いることにより、**化粧もちに優れたタイプ**もあります。**処方面では基本的にファンデーションと同じ。**平たい皿状の容器内に圧縮成形したプレストタイプのものが主流です。

【アイシャドウを選ぶポイント】

- □ ぼかしやすく、しかも密着性があること
- □ 塗膜が油光しないこと
- □ 色変化がないこと
- □ 塗膜が汗や皮脂でにじまず、化粧もちがよいこと
- □ 目の周囲に用いるので安全性が高いこと

アイライナー
\ 目をくっきりと形づくる /

液状アイライナーについてはいくつかの種類がありますが、いずれも**低粘度の液体中に、顔料を安定的に分散させ**ているという点では共通しています。筆つきのガラスびん、金属あるいは樹脂の円筒容器に充てんされたものが主流となっています。

【アイライナーを選ぶポイント】

- □ 目の縁につけるものなので、とくに刺激がないこと
- □ 乾きが速いこと（奥二重のまぶたの人は乾くまで目を閉じていなければならないので、乾きが遅いと負担となるため）
- □ ラインを描きやすいこと
- □ 仕上がりがきれいなこと
- □ 皮膜に柔軟性があること
- □ 化粧もちがよいこと。経時ではがれたり、にじみやひび割れを起こさないこと
- □ 耐水性がよいこと。汗や涙で見苦しく落ちないこと。ウォータープルーフでは泳いでも落ちないこと
- □ 顔料の沈降や分離がないこと
- □ 微生物汚染がないこと

検定POINT 〈 アイライナーの種類 〉

タイプ	形態	メリット	デメリット
 リキッドタイプ	筆ペン 細筆 フェルトペン	筆ペン型、細筆型、フェルトペン型など筆先の種類も多様。ツヤのある漆黒の発色が特徴。一度ラインがフィックスすると落ちにくいのもメリット。	くっきりと発色する性質上、ラインのブレなどは修整しにくいのが難点。ラインの太さや細さの描き分けも、ある程度のテクニックが必要。
被膜タイプの特徴		リムーバーでペリッとはがれるタイプ。乾くと汗にも涙にもにじます、化粧もちに優れているが化粧時に違和感がある。※被膜となる樹脂をある一定の温度以上で溶けるものを使った38℃以上の「お湯落ちタイプ」も。	
非被膜タイプの特徴		被膜タイプに比べて耐水性は弱く化粧もちに劣るが、化粧時の負担感がない。	
ウォータープルーフタイプの特徴		油性成分を多く含む処方。水、汗に強く、化粧もちに非常に優れている。	
 ジェル状	ジャー	乾いてフィックスしたあとの落ちにくさはトップクラス。ペンシル型のほか、専用ブラシを使って描くジャータイプが定番。カラー展開も豊富。	リキッドよりはライン修整がしやすいものの、ブレなどは修整しにくい。揮発性速乾タイプで簡単にオフしにくい。時間とともに、本体のジェルが硬くなりがち。
ジャータイプの特徴		化粧もちに優れ、なめらかな使用感。	
 固形状	ペンシル 繰り出し型の カートリッジ クレヨン	持ったときのグリップの安定感は抜群。よってラインの引きやすさもNo.1。ブランドごとに芯の硬さや太さが異なるので、肌あたりや、描きたいラインの太さ、濃さなど、好みによって選べる。	ウォータープルーフ以外は、色落ちしやすい。ペンシルタイプは芯先が丸くなりやすく、こまめに削るなど整える手間も必要。
カートリッジタイプ		棒状の芯を差しこんでつくるのでペンシルより芯が硬め。もっとも手軽なタイプ。	
ペンシルタイプの特徴		ペンシルに流しこむのでやわらかな質感を再現しやすい。携帯に便利でなめらかな使用感。	
 プレストタイプ （パウダータイプ）	コンパクト	塗りかさねることで黒色の深みが調整できる。水溶きタイプなら密着性も高くなり、パウダーを重ねることでアイシャドウのように仕上げることも可能。	パウダーの性質上、水なしで使用すると粉飛びしやすく、落ちやすい。ラインを引いたあと、軽く綿棒などで押さえて密着性を高める必要がある。
プレストタイプの特徴		描きやすく、仕上がりが自然であるが耐久性がやや弱く汗や涙などで落ちることがある。	

【マスカラを選ぶポイント】
- ☐ 目の周りにつけるものなので、とくに刺激がないこと
- ☐ 均一につくこと
  まつ毛を固めたりダマになってつかないこと
- ☐ まつ毛を濃く長く見せられること
- ☐ まつ毛をカールさせる効果があること
- ☐ 適度のツヤがあること
- ☐ 適度の速乾性があること
- ☐ 乾燥して下まぶたについたり、汗、涙、雨などで見苦しく落ちないこと
- ☐ 化粧落としが容易であること
- ☐ 経日使用で使いにくくならないこと
- ☐ 微生物汚染がないこと

瞳を魅力的に演出 マスカラ

マスカラの役割はまつ毛を太く長くし、目のサイズを放射状に広げて見せること。マスカラには次のようなタイプのものがあります。

検定POINT 〈 液別の特徴 〉

ウォータープルーフ

耐水性○

揮発性のある油系タイプ。硬めのコーティング膜は水に濡れてもにじみにくい。ただし、油系なので皮脂量の多い人が使うとにじんでしまうものも。専用のリムーバーが必要。

フィルム

耐水性○

乾くと耐水性フィルムになり、まつ毛をコーティングするタイプ。水に濡れてもにじみにくいのが特徴。お湯で落とせるタイプは、フィルムコーティングが38～40℃くらいで溶ける設計になっている。

〈 機能別の特徴 〉

ボリューム

粘度の高い油性成分（ワックス）を使った厚みのあるマスカラ液。まつ毛1本1本に多くの量がつき、太く濃くボリュームアップできる。

ロングラッシュ
（繊維入り）

1～3mmの短い合成繊維（ナイロンなど）が入っており、繊維がまつ毛にからむことで長さを出す。繊維の配合量は通常2～5％が多い。

カール

油性成分を多く含む処方でリムーバーでなければ落ちないものもある。まつ毛上でより速く乾くことでカールをキープ（まつ毛は濡れると元の形に戻ってしまうので、アイラッシュカーラーで上げたまつ毛を素早く固めることが重要）。

〈 ブラシの形状と特徴 〉

マスカラ液の特徴や配合原料によって、ブラシにもこだわりの形状と特徴があります。

1. ストレート型

ブラシのどの方向を使用しても同じ仕上がりになるが、細かい部分はつけにくい。

2. ロケット型

先端がとがっており下まぶたにはつけやすい。液が先端にたまりやすく先端部分を使うとボリュームが出せる反面、つきすぎて束になりやすい。

3. ラグビーボール型

中央が膨らんでいて、望むところにつけやすくボリュームを出しやすいが、ロケット型同様先端部を使うとまつ毛が束になりやすい。

4. アーチ型

扇形に広がるまつ毛の形状に沿った形なので、ブラシのカーブがまつ毛の根元にフィットしやすい。カーブの内側に液がたまりやすく、ボリュームを出しやすい。

5. コイル型

金属または樹脂の棒の先端部分を、らせん状にねじきりしたもの。溝に液がつき、根元にしっかり塗布できる。まつ毛美容液などに使われることが多い。

6. コーム型

まつ毛を根元からしっかりとかせる、くし状のブラシ。塗る方向が限られているためやや使いづらいが、重ね塗りしてもコームがとかしてくれるのでダマになりにくい。

PART 5　化粧品原料と基礎知識

アイブロウ

\ 眉の形で顔がはっきり！ /

眉メイク用のアイテムにはパウダー、ペンシル、リキッド、マスカラがあります。最近はジェルタイプも見かけますが、おもな種類はこの4つでしょう。何を使うかは眉の毛の量、仕上がりの好みによります。さらに眉メイクの完成度を上げたいのであれば、**複数のアイテムの併用がおすすめ**。**形をつくるにはペンシル、ボリュームを出すにはパウダー**など、それぞれの得意技を生かして使用すると、より簡単にキレイに仕上がります。

【アイブロウを選ぶポイント】

- □ 肌にソフトタッチで、均一につくこと
- □ 鮮明な細い線が描けること
- □ 持続性が高く、化粧くずれしにくいこと
- □ 安定性が高く、発汗、発粉などがなく、折れやくずれがないこと
- □ 安全性が高いこと

〈 アイブロウアイテムの種類と特徴 〉

ボリュームを出すには **パウダー**

グラデーションがつくりやすく、ボリュームも簡単に出せます。色をミックスし、濃淡を自在に調節できる多色セットがおすすめ。

色調整には **マスカラ**

眉色を明るくチェンジさせる即席のカラーリングアイテムで、毛がしっかり生えている人向き。液が毛にからみ、眉に立体感も出ます。ブラシがコームタイプもあります。濃い眉をナチュラルにみせるには地肌につけないように一度ティッシュオフするのがポイント。

フォルムを描くには **ペンシル**

繊細なラインが描きやすく、眉のフォルムをつくるのに欠かせないアイテム。部分的な毛のすき間を埋めるのにも便利です。芯の硬さや形などバリエーションも豊富。アイライナー同様、えんぴつ、カートリッジ（繰り出し式）などのタイプがあります。

眉尻を描くには **リキッド**

筆ペンタイプが多く、細かな部分を描きたすのに便利。ペンシルよりも発色に透け感があり、穏やか。色もちがよく、時間とともに落ちやすい眉尻を描くのに向いています。染料を配合した落ちにくいタイプも。

> コスメの素朴なギモン

「落ちない眉」の成分とは？

色の成分である顔料・染料の特徴により色もちに差が出ます。顔料は粒子が大きく皮膚の表面に付着します。染料は粒子をもたない物質で液体全体に色がついているため皮膚の角層まで色づかせることができるので、染料配合のアイブロウだと落ちにくい眉のラインが描けるのです。

〈染料〉

〈顔料〉

PART.5 化粧品原料と基礎知識

ボディ化粧品、毛髪の構造、ネイルについて

美しさは顔やメイクアップ術だけで完成するものではありません。
ボディや髪、ネイルまでトータルに輝いてこそ、個々の美しさは完成します。
ただし、ケアを怠った状態にスタイリングやネイルアートなどで
手を加えても本来の魅力は引きだせません。
まず、それぞれの部位の構造や働きを学び、正しいケアを行いましょう。
すこやかな美しさを導きだすためには、ボディや髪、ネイルそのものが
健康な状態であることが何よりも大切です。

9 ボディ化粧品について

代表的な種類別の目的と働き

スキンケアを考えるとき、顔と頭の部分と首から下の部分に分け、前者をフェイシャル、後者をボディとします。

ボディ化粧品は、ボディのスキンケアをする化粧品です。しかし、最近は肌の状態だけでなくボディラインづくりのための筋肉、体脂肪などを整える働きをもつ化粧品が注目されています。ボディ化粧品には、ボディ全体に使うものから、手・脚などの使用部位によって商品の種類が数多くありますが、それらのおもな使用目的は洗浄、トリートメント、シェイプアップ、サンケア、脱毛や脱色、制汗、防臭などです。ここでは代表的なボディ化粧品について説明していきます。

> コスメの素朴なギモン

顔と身体の洗浄料は何が違う？
身体に使う洗浄剤（界面活性剤）の中から目に入っても痛くない、口に入っても苦くないなど顔用の条件に合うものだけを顔に使っています。

検定POINT

洗浄料

ボディシャンプーなど洗浄を目的とした化粧品には、化学合成や天然由来の洗浄剤(界面活性剤)を使用しています。顔に比べ、ボディのほうが皮脂量が少なく、体臭の原因となる物質を分泌するアポクリン腺の分布する部位が多く、しっかりと洗い流す必要があります。代表的な洗浄料である固形石けんと液体石けんの特徴を覚えておきましょう。

そしてお風呂上がりにますすべきは、素早い保湿。なぜならお風呂上がりは肌温が高く、肌の水分がみるみる蒸発してしまいます。せっかくのお風呂で肌がうるおったと思っても、じつはそのような現象が起きていたのです。肌の水分保持力アップには、お風呂上がりのひと塗りが大切です。

固形石けん

古くから用いられている代表的なボディ用洗浄料といえば固形石けんです。固形石けんにもタイプがあり、油分や香料などを配合した化粧石けんや、殺菌剤や消炎剤が配合された薬用石けんなどがあります。
※硬水で石けんを溶かすと、硬水中のカルシウムやマグネシウムが石けんと結合し、石けんの周りを覆ってしまいます。これが水に溶けない性質のため、軟水より硬水では泡だちにくくなります。

液体石けん

液体のボディ用洗浄料は、使いやすく豊かな泡だちをもつことから、シャワー文化の普及とともに広く使われるようになりました。液体石けんを主体としたアルカリ性のタイプ、液体石けんと界面活性剤を組み合わせた中性タイプ、界面活性剤を主体とした弱酸性タイプがあります。保湿剤がバランスよく配合されています。

PART 5 化粧品原料と基礎知識

防臭化粧品

汗臭や腋臭（わきが）、足臭など体臭発生を抑える防臭化粧品も最近は多く出ています。

〈 防臭化粧品の機能 〉

①汗を抑制する制汗機能

比較的強い収れん作用を有する薬剤を配合することによって発汗を抑制する方法で、フェノールスルホン酸亜鉛、各種のアルミニウム塩が配合されることが多いです。

②皮膚常在菌の増殖を抑制する抗菌機能

体臭の原因物質をつくりだす皮膚常在菌の増殖を抑制し、防臭効果を得る目的で銀（Ag^+）などの抗菌剤が使用されます。抗菌性薬剤が一般に用いられます。

③発生した体臭を抑える消臭機能

体臭の原因である脂肪酸が金属と結びつくことで、その特異的な臭気を発しなくなります。これを応用し、亜鉛華（酸化亜鉛）を臭気物質である脂肪酸に作用させると、脂肪酸と亜鉛が結びつき臭気がなくなります。

④香りによるマスキング機能

程度の弱い体臭であれば、香水やオーデコロンなどを用いることでマスキング（悪臭などをほかのよい香りや別の強いにおいで包み隠すこと）を行うことができます。これらのコロン類に②で説明した抗菌性成分を配合して防臭効果を高めたデオドラントコロンと称されるものもあります。

〈防臭化粧品の種類〉

検定POINT

種類	成分と使用感	商品形態	防臭効果
デオドラントローション	エタノールを多量に含むため清涼感に優れるものが多く、ほかの剤型に比較して制汗効果を高く感じる。	噴射剤を用いないスプレー	中
		ロールオン	高
デオドラントパウダー	のびやすべりのいいパウダー。タルクが高配合されているものが多い。	ルースタイプのパウダー	低
		プレストタイプのパウダー	
デオドラントスプレー	非常にさらっとした使用感。	パウダースプレー	低
デオドラントスティック	油性成分の中に制汗物質や抗菌性成分を配合したもの。付着力に優れているため防臭効果の持続性がある。	スティック	高

※防臭効果の程度は目安であり、種類と配合量や処方により異なります。

コスメの素朴なギモン

体臭の発生のしくみ

体臭はにおいの元となる「汗」とにおいを生みだす「皮膚常在菌」によってつくりだされています。汗は汗腺より分泌され、分泌された汗はそれ自体は強く臭気を発することはありませんが、皮膚表面に存在する皮膚常在菌によって臭気物質に変化してしまうのです。

PART 5 化粧品原料と基礎知識

入浴料

入浴料は浴槽のお湯に温泉成分や有効成分を溶かして美容効果を高めるとともに、色や香りによりリラックス効果を与えます。保湿効果、血行促進効果、疲労回復効果などがおもな効果です。錠剤、顆粒剤や液剤などがあります。

〈 代表的な入浴料の種類 〉

検定POINT

①無機塩類系入浴料

もっとも一般的な入浴料で、温泉成分である硫酸塩、炭酸塩などを含み、これらの成分が血行を促進します。各地の温泉名をなぞらえた名称の入浴料も多いです。おもな成分は以下の2つに分けられます。

〈血行促進効果〉

硫酸ナトリウム・硫酸マグネシウム
塩化ナトリウム・塩化マグネシウム

〈皮膚清浄効果〉

炭酸水素ナトリウム（重曹）
炭酸ナトリウム・炭酸カリウム

コスメの素朴なギモン

炭酸ガスを発生させる入浴剤の効果は？

炭酸水素ナトリウムの一種。炭酸ガスが皮膚内に浸透し、末梢血管を拡張させて血流量を増加させます。同温度のさら湯よりも湯温を2～3℃高く感じるとされています。

②薬用植物系入浴料

保湿、血行促進、消炎、鎮静などに効果がある植物としてウイキョウ、カミツレ、シャクヤク、ユズ、モモノハなどが用いられます。効果はそれぞれの含有成分によって異なりますが、多くの薬用植物は芳香成分を含み、精神的作用をもたらします。

③酵素系入浴料

入浴による皮膚の清浄作用は無機塩類によって高められますが、さらにパパインなどの酵素を配合し、皮膚表面の皮垢をとれやすくする入浴料です。酵素は水の中では酵素活性の維持が難しく、剤型としてはおもに粉末、顆粒、錠剤タイプになります。

④清涼系入浴料

メントールによる冷感、ミョウバン〈硫酸(Aℓ／K)〉などの収れん作用によって、とくに夏場の入浴を快適にします。液体、粉末、顆粒タイプなど多くの剤型があります。

⑤スキンケア系入浴料

入浴によって水でうるおった角層の状態を維持するために、油性成分で入浴後の皮膚表面からの水分の蒸散を防ぎ、保湿成分などを効率的に吸着・浸透させます。細胞間脂質類似成分などの油性成分、さらにアミノ酸などが配合されています。

脱毛料

脱毛・除毛・脱色剤は、わきの下や脚に生えた体毛を除去または目立たなくするために使用されています。ワックスなどに毛を包んで物理的に抜くものを脱毛料、体毛を化学的に変化させて取り除くものを除毛料としています。

〈 脱毛料の種類 〉

①脱毛料（物理的除去法）

ワックス脱毛ともいわれているもので、脱毛料を加熱溶融させて体毛に塗布し、脱毛剤が固化したら体毛と一緒にはぎとります。毛根から抜きとるため、再び毛が生えてくるのに時間がかかり、ほかの方法と比べて効果が高いといえます。また、常温で用いる脱毛料として、脱毛粘着テープなどもあります。

②除毛料（化学的除去法）

除毛料は、クリームやペーストにチオグリコール酸カルシウムなどの体毛の還元剤を配合したもので、ケラチンタンパク質のシスチン結合を化学的に切断するので人によっては炎症を起こす場合があります。体毛が隠れる程度まで塗布し、5〜8分放置後、取り除きます。毛を抜くような痛みはほとんどなく手軽に使えることから家庭用としても広く用いられています。使用後はよく洗い保湿することが重要です。

コスメの素朴なギモン

毛をそったら太くなるって本当？

その答えはNO！ よく耳にする話ですが医学的根拠はなく、単純に新しい毛は、毛先よりも切り口の断面が大きいので太く見えるのが原因。また紫外線や外部の刺激を受けていない新しい毛は色素が濃いので太く見えるのかも。

シェイプアップ料

検定POINT

マッサージと、シェイプアップ料は皮膚や皮下脂肪、筋肉に適度な運動を与え、余分な水分の排出や血液とリンパ液の循環を助けます。もちろん、運動や食事も気をつけることが必要です。

ボディマッサージ料
マッサージするための、**肌の上ですべりのいい**オイルやクリームです。

ボディパック料
皮膚を密閉することで皮膚温を上昇させ、発汗を促し、**老廃物や古い角質をパックに吸着させて取り除きます。**

アンチセルライト料
新陳代謝の活性化やむくみを解消する有効成分が配合されており、**セルライトの予防と解消**を目的としています。

〈 セルライトや皮下脂肪のしくみ 〉

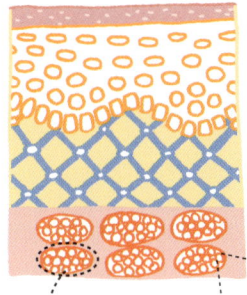

脂肪細胞
皮下脂肪は脂肪細胞の数が変わることはないが、1個1個が大きくなったり、小さくなったりする。下のイラストは、1個の脂肪細胞の拡大図。この中にある中性脂肪も老化でラードのように硬くなる。

皮下脂肪結合組織
皮下脂肪の集まりは、皮下脂肪結合組織というコラーゲン線維のネットで包まれている。脂肪細胞が太ったりやせたりすると、ネットの支えが弱まってたるみになる。

拡大図

セルライトとは、大腿部や臀部の皮下組織に生じる脂肪を中心とした組織のかたまりで、皮膚の表面がオレンジの皮のように凸凹になる症状。

皮下脂肪のセルライト

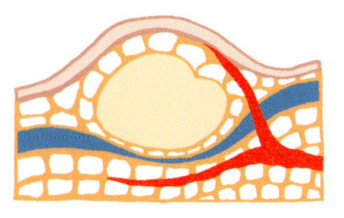

血管およびリンパ管は、太った脂肪のかたまりに押しつけられ、その部分が細くなっている。

10 毛髪と頭皮の構造と機能

毛髪も皮膚の付属器官のひとつ

ツヤのある美しい髪は、その人の顔立ちを引き立たせ魅力的に見せてくれます。けれども、肌同様、加齢や紫外線、環境、精神状態などの影響を受けてしまいます。いつまでも健康できれいな髪を保つために、毛髪と頭皮について理解しましょう。

毛髪は頭髪だけでも約10万本存在するとされ、毛とそれを囲む毛包から成り立ちます。毛髪のおもな成分はケラチンというたんぱく質の一種で、その種類や部位によって成長速度は異なります。また、毛髪は毛周期とよばれる一定の周期を繰り返して生え変わります。

検定POINT 【皮膚断面から見た毛髪の構造】

皮膚表面に出ている部分の毛幹と、皮膚内部に入りこんでいる部分の毛根に分けられます。

毛幹 / 毛根

毛孔（もうこう）
毛髪が生えてくるところ。皮膚の表面にあり、汚れや皮脂が詰まりトラブルの原因になることも。

毛包（もうほう）
毛根を包み、皮膚にしっかりと毛髪を固定している。皮脂や汚れが詰まると抜け毛などのトラブルになりがち。

皮脂腺
皮脂を分泌する部位。

毛乳頭（もうにゅうとう）
毛髪の成長をになう司令塔。毛髪へ栄養分を供給するために毛細血管が入り込んでいる。

毛母細胞（もうぼさいぼう）
毛乳頭や血液から栄養と酵素の供給を受け、分裂を繰り返すことで毛髪を形成します。

【毛髪の断面】

毛髪はウロコ状の膜「キューティクル」、弾力性のある「コルテックス」、芯にあたる「メデュラ」の3層から成り立ちます。

キューティクル（毛小皮）
ケラチンとよばれる無色透明の硬いたんぱく質でできています。毛先に向かってウロコ状に重なりあい、コルテックスのたんぱく質や水分を逃さないようにしています。非常に薄い膜で乾燥や摩擦に弱いです。

コルテックス（毛皮質）
毛髪の大部分を占め、繊維状の細胞からできています。弾力性に富み、この層の状態が太さ、強さなど毛質に現れます。髪の色となるメラニン色素のほとんどはここに含まれます。

メデュラ（毛髄質）
毛のほぼ中心にある比較的やわらかい部分で、繊維状にならない個々の細胞が積み重なるようにしてできています。メデュラはどの毛にも必ずあるというものではなく、うぶ毛や生後1年くらいまでの乳幼児の毛、白人など細い毛にはほとんどないといわれています。

検定POINT 毛周期と脱毛

毛髪は **1カ月におよそ1cmずつ伸びます。1本あたりの寿命は5年前後**といわれています。ですが、毛はつねに成長しているわけではなく、一定期間の成長期が過ぎると、毛根は細胞分裂をやめて角化を始めます。そうすると毛の成長は止まり、同時に毛根はしだいに表面に押しあげられて脱毛します。そして、ある時期になると、また新しい成長期の毛が発生してきます。**この毛の生え変わりを毛周期（ヘアサイクル）**とよんでいます。

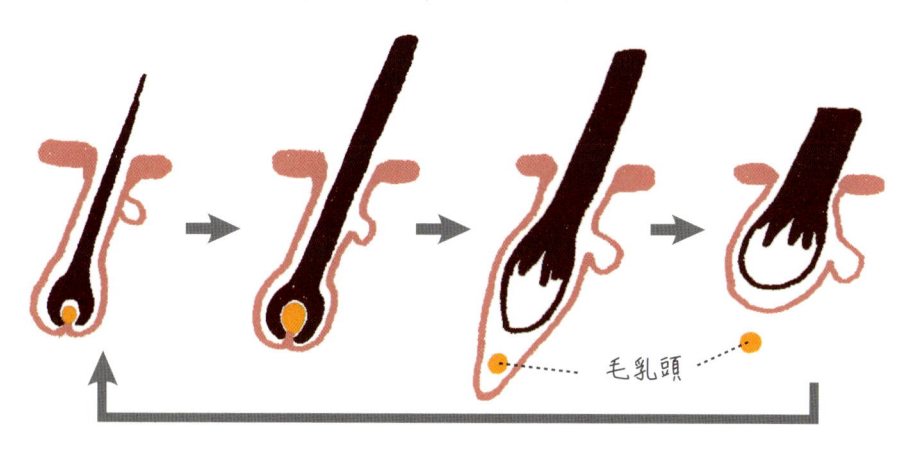

毛乳頭

成長期初期
毛乳頭を抱えこんだ**毛母細胞が分裂・増殖を繰り返し、成長**していきます。

成長期（5～6年）
皮下組織に達した毛球の中では**毛乳頭が盛んに栄養を取りこみ**、毛母細胞へ供給し毛が**伸びて太く**なります。

退行期（2～3週）
毛母細胞の分裂が止まり、毛球が収縮して**毛根が上に押しあげられます。**毛乳頭は毛球から離れていきます。

休止期（2～3カ月）
毛乳頭は丸くなり次の毛芽は活発になるまで待機します。**毛髪が自然に抜けおちるまで2～3カ月**かかります。

〈 異常な脱毛 〉
なんらかの影響や環境で毛周期が乱れ、成長期の毛髪が一定期間に満たないまま成長をやめ、移行～休止～脱毛へと至ってしまう状態（※抗がん剤は分裂が活発な細胞に強く影響し、**毛母細胞が抗がん剤や放射線治療の影響を受けると脱毛が起こります**）。

〈 自然な脱毛 〉
毛髪はつねに成長しているわけではなく、毛周期といって一定周期で発毛～脱毛を繰り返します。**一定期間の成長が過ぎると毛根は細胞分裂をやめて角化を始めます。**この毛周期に沿った脱毛は自然な脱毛です。

毛髪の変化とトラブル

トラブルの原因とケア方法

薄毛について

薄毛とは髪の毛自体が細く、本数が少ないなどの理由で毛髪が薄く見える状態のことをいいます。男性に多く見られる症状ですが、最近では女性の薄毛も増加しています。また、性別によって症状の表れ方が異なることも特徴です。

〈 これが薄毛の始まるサイン！ 〉

- 抜け毛が多くなった
- 頭皮が硬くなった
- フケやかゆみが増えた
- 抜け毛の中に短い毛が多い
- 髪の毛にハリやコシがなくなってきた

検定POINT 〈 薄毛の原因 〉

原因1　血行不良による毛根の栄養不足
毛根は頭皮を流れる血液から栄養を補給し、それにより毛母細胞が活発に分裂し、健康な髪が形成されます。したがって、頭部の血行が悪くなると栄養が毛根へ運ばれず、脱毛の原因に。低体温、冷え性、貧血なども問題です。

原因2　ストレス
ストレスが蓄積されると自律神経が不安定になります。その結果、血行が悪くなり栄養が毛根へ運ばれなくなり、毛が細くなったり、脱毛の原因になります。夜ふかしも、大きなストレスです。

原因3　男性ホルモンによる影響
男性ホルモンの影響で、毛根が本来もっているエネルギー生産や発毛の機能が低下すると、髪の毛の成長が阻まれて脱毛につながります。

原因4　遺伝
男性ホルモンとの関係が指摘されています。つまり、男性ホルモンの影響を受けやすい体質の遺伝により、薄毛が起こるとされています。

原因5　頭皮の汚れ
フケや皮脂などの汚れは毛孔にたまりやすく、その汚れが紫外線、細菌などの影響で過酸化されると、炎症などを引き起こし、脱毛の原因になります。

〈脱毛・薄毛の症状〉

皮脂脱毛
毛孔に詰まった皮脂は汚れとなり、雑菌などが繁殖して炎症などの原因になります。さらに紫外線やカラーリングなどにより過酸化された皮脂は毛根部位に炎症を起こします。この炎症が毛母細胞の死を誘発し、脱毛につながります。皮脂分泌過剰は、ストレスや血行不良でも発生します。

女性型脱毛症
女性は男性の薄毛のパターンとは異なり、局所的ではなく、全体的に薄くなっていきます。発症年齢は男性と比べて高く、40代以上が一般的です。

男性型脱毛症
額の生え際や頭頂部などの局所から進行するのが特徴です。発症年齢は女性よりも早く、最近では15〜25歳くらいで発症する「若年性脱毛症」も多く見られます。脱毛部の頭皮が張ってきます。

検定POINT 毛髪トラブルの原因とケア方法

	原因	ケア
白髪	加齢による白髪の場合、個人差がありますが30代で増えはじめることが多いです。遺伝により白髪ができやすい体質の場合は10代でも増えることがあります。そのほか、ストレス、薬の副作用、栄養不良などでも増えます。	メラニン色素を失った状態なので、マッサージで頭皮の血行を促進し、毛根の色素形成細胞を刺激しましょう。
パサつき切れ毛	無理なブラッシングとブローでキューティクルがはがれてしまった場合。また、パーマやカラーの薬剤で髪内部のたんぱく質が溶けだしても起こります。紫外線や乾燥の影響で水分を失った場合も起こりやすくなります。	これ以上キューティクルを傷つけることがないように丁寧に扱い、しっとりタイプのトリートメントなどで、うるおいを与えながらヘアコート剤などで保護しましょう。
フケ・かゆみ	ストレスで脳神経が刺激され、フケが出やすい頭皮環境になることがあります。ターンオーバーが乱れたり、水分・油分バランスが乱れて起こる乾燥によってもかゆみを感じます。思春期ほどフケが出やすい傾向です。シャンプーの洗い方が原因になることも。	頭皮が乾燥している場合は、水分・油分を補うケアを行いましょう。頭皮が脂っぽい場合は、引き締め効果、殺菌効果のあるヘアトニックなどで地肌をすっきり整える方法も効果的です。

> コスメの素朴なギモン

まつ毛の脱毛周期について
まつ毛の成長期は3〜4カ月、休止期は5〜6カ月の毛周期を繰り返しています。1日約0.1〜0.18㎜、1カ月でも約3.0〜5.4㎜しか伸びません。まつ毛は髪の毛のように長く伸びることはなく、つねに一定の長さを保ちつづけます。

検定POINT

シャンプー

毛髪と頭皮の汚れには、皮脂や汗、過剰な角層片（フケ）、外からついた汚れ、ヘアスタイリング料などがあります。シャンプーは毛髪をいためることなくそれらを落とし、**フケやかゆみを抑える働き**をします。その際、頭皮に必要な皮脂や水分をとりすぎないことも必要です。シャンプーの主成分は、**水と界面活性剤**です。シャンプーの性質を理解するには、界面活性剤の中でメインに使われるものの特性を理解することが重要です。

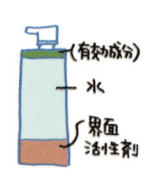

（有効成分）
水
界面活性剤

12 ヘアケア化粧品について

毛髪と頭皮をすこやかに保つ

〈 おもな界面活性剤の特性 〉

		洗浄力	刺激	メリット	デメリット	成分
（陰イオン）アニオン型	石けん系	強い	感じる人もいる	アルカリ性で洗浄力が非常に高い。生分解性にすぐれ環境にやさしい。	ごわつき、きしみを感じやすい。パーマがとれやすく、ヘアカラーの退色が早い。	名前に「石けん用素地、純石けん、脂肪酸ナトリウム、脂肪酸カリウム」などつくもの。
	高級アルコール系	強い	感じる人もいる	泡だちがよく洗浄力が高い。	脱脂力が強く、刺激に感じる人もいる。	名前に「〜硫酸」などがつくもの。ラウリル硫酸Na、ラウレス硫酸Na、ラウリル硫酸アンモニウム、ラウリル硫酸TEAなど。
	アミノ酸系	弱い	ほとんどない	弱酸性で低刺激。髪のたんぱく質を守りながら洗浄できる。	泡だち、洗浄力が弱く、強固な汚れは落としにくくヌルヌルとした感触が出る場合がある。	名前に「〜グルタミン酸、アラニン、タウリン、グリシン」などがつくもの。ココイルグルタミン酸TEA、ラウロイルメチルアラニンNa、ココイルメチルタウリンNa、ココイルグリシンNaなど。
（両性イオン）	ベタイン系アンホ型	やや弱い	ほとんどない	安全性が高く低刺激。	泡だち、洗浄力がやや弱い。	名前の最後に「〜ベタイン」とつくもの。コカミドプロピルベタイン、アルチルジメチルアミノ酢酸ベタインなど。

汚れが落ちるしくみ
油汚れ
界面活性剤

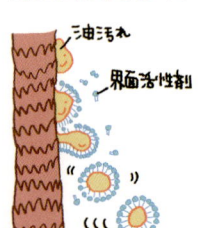

コスメの素朴なギモン

ノンシリコンってどういう意味？

ノン（non）とは「ない」という意味で、ノンシリコンとは「シリコーンが配合されていない」という意味です。シリコーンは毛髪に被膜を張って手触りをなめらかにし、摩擦ダメージを減らすのにとても有効です。一方、毛穴に詰まるともいわれていますが、現在の研究によると非常に細かい粒子で、洗髪ごとに洗い流されるため毛穴に詰まらないことがわかっています。そのため、シャンプーを選ぶときには、実際に試した使い心地や、界面活性剤による違いを考慮して選びましょう。

検定POINT リンス・コンディショナー・トリートメント

シャンプー後のケアとして使われる製品には、**カチオン界面活性剤**が使われる場合が多く、キューティクルに吸着して、髪をやわらかくし、くし通りをよくする効果があります。**髪がいたむと、キューティクルがはがれている部分はカチオン界面活性剤の吸着量が正常よりも多くなり**ます。毛髪は約80％は複数のアミノ酸からなるケラチンたんぱく質、約10～15％が水、約3％がメラニン色素からできています。毛髪をすこやかな状態で保つには、毛髪内部に**毛髪保護たんぱく、アミノ酸、油分**を浸透させることが重要です。

〈 髪質を向上させるための成分 〉

ハリ・コシ	加水分解ケラチン	(毛髪の主成分。ハリ・コシを与える)
	加水分解卵殻膜	(ニワトリの卵殻膜由来。強い保護膜をつくる)
指通り向上	ジメチコン	(合成。代表的なシリコーン油。髪のキューティクルを整えすべりをよくする)
	ポリクオタニウム-10	(合成。ポリマー。静電気防止効果やうるおいの皮膜をつくる)
うるおいキープ・ツヤ	コレステロール	(細胞間脂質の一種。髪のうるおいをキープし、弾力を与える)
	セラミド3	(細胞間脂質の一種。髪のうるおいをキープする)

医薬部外品の有効成分（前例のある）

育毛料は、頭皮の働きを正常にして**育毛促進や脱毛防止**のために使用されるものです。育毛剤は頭皮の血液循環をよくして毛包の働きを高めて脱毛を防止したり、フケやかゆみの予防に使用されています。薬効成分として**血行促進剤、毛包賦活剤**や抗男性ホルモン剤などが使用されます。

育毛	血行促進系（血流を促し栄養を供給）	医薬品：ミノキシジル、塩化カルプロニウム ➡ 血管を拡張し、血流量を増大させる。
		ビタミンE誘導体 ➡ 末梢血管を拡張して血行を促進する。 センブリエキス ➡ 末梢血管の運動を高め、血行を促進する。
	毛包賦活系（毛母細胞などを活性化）	ペンタデカン酸グリセリド（PDG）➡ 休止期の毛乳頭を刺激し、発毛を促す。 パントテニールエチルエーテル ➡ 発毛に必要な酵素を活性化する。 ヒノキチオール ➡ 抗炎症作用や新陳代謝活性作用、殺菌作用がある。 アデノシン ➡ 毛乳頭の奥深くに浸透し、発毛促進因子を発生させる。
その他	フケ改善	ジンクピリチオン ➡ 抗菌・防カビ作用があり、雑菌の繁殖を防ぐ ミコナゾール硝酸塩 ➡ フケの元になるカビの繁殖を抑える ピロクトンオラミン ➡ 殺菌作用や頭皮の皮脂分泌を抑える
	かゆみ改善	アラントイン ➡ 消炎作用があり、頭皮の肌荒れを防ぐ。医薬品の創傷治療剤としても使われる。 グリチルリチン酸2K ➡ 消炎作用があり、頭皮の肌荒れを防ぐ

ヘアスタイリング料

油脂や保湿剤の粘性や高分子化合物の固化を利用して**毛髪を物理的に密着・固定**させることで、整髪するものです。

13 爪の構造と機能

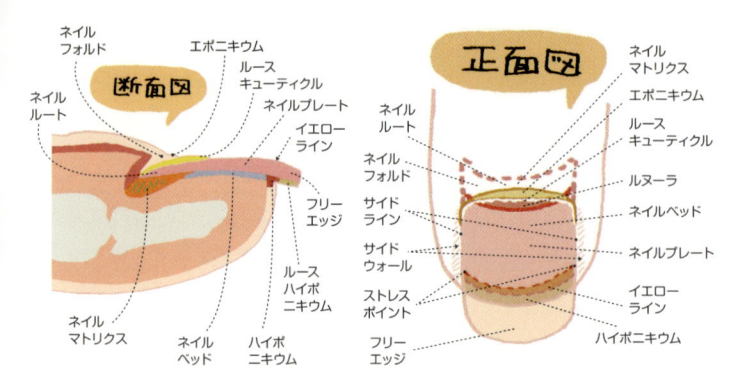

健康のバロメーターでもあり、最近では美容面からも大注目

断面図 の各部名称：ネイルフォルド、エポニキウム、ルースキューティクル、ネイルプレート、イエローライン、フリーエッジ、ルースハイポニキウム、ハイポニキウム、ネイルベッド、ネイルマトリクス、ネイルルート

正面図 の各部名称：ネイルマトリクス、エポニキウム、ルースキューティクル、ルヌーラ、ネイルベッド、ネイルプレート、イエローライン、ハイポニキウム、フリーエッジ、ストレスポイント、サイドウォール、サイドライン、ネイルフォルド、ネイルルート

各部の名称と働き

名称	働き
フリーエッジ（爪先）	ネイルプレートがネイルベッドから離れている部分。水分含有量が減少するため不透明に見える。
ハイポニキウム（爪下皮）	裏爪とよばれる部分。ネイルプレートとネイルベッドの間に異物が侵入するのを防ぐ。イエローラインに付着し、保護している。
ストレスポイント（負荷点）	ネイルプレートがネイルベッドから離れはじめる両サイド部分。ヒビがもっとも入りやすい部分。
イエローライン（黄線）	ネイルプレートがネイルベッドから離れる境目にできるライン状の部分。
ネイルプレート（爪甲）	爪とよばれる部分。背爪（トッププレート）、中爪（ミドルプレート）、腹爪（アンダープレート）の3層からなる。表皮の角層が雲母状に重なりあっている。厚みは約0.3〜0.8mm。
ネイルベッド（爪床）	ネイルプレートがのっている土台の部分。ネイルプレートと密着し、水分を補給している。下部に毛細血管があるためピンク色に見える。
サイドライン（側爪甲縁）	爪甲の左右のきわ。
ルヌーラ（ハーフムーン）（爪半月）	ネイルマトリクスに一部がネイルプレートから透けて見える部分。新生した爪甲のため、水分含有量が多く白く見える。
サイドウォール（側爪郭）	爪の形を保っている、爪の左右のフレーム部分。爪甲の左右に接し、皮膚のヒダに覆われている。
エポニキウム（キューティクル）（甘皮・爪上皮）	通称甘皮といわれている部分。できたばかりの軟らかいネイルプレートを保護している。後爪郭を保護し、細菌やその他の異物の侵入を防ぐ。
ネイルルート（爪根）	ネイルプレートが皮膚の下に隠れた、ネイルができる根元の部分。ネイルベースともいう。
ネイルマトリクス（爪母）	ネイルを育成する部分。血管、神経が通っている。
ルースキューティクル（爪上皮角層）	爪上皮から発生し、爪甲の表面に付着している角層。
ネイルフォルド（後爪郭）	爪甲を根元で固定している皮膚部分。
ルースハイポニキウム（爪下皮角層）	爪下皮から発生し、フリーエッジの裏側に付着した角層物質。

爪は皮膚の表皮層から爪母（そうぼ）によってつくられ、角質化したものです。硬質のたんぱく質であるケラチンが主成分です。爪は、表皮の角層が3層に変化したもので、この3層の薄い層の間に最低限の水分と脂肪（0.15～0.75%）を含んでいます。爪の水分は健康な成人の場合12～16%で、季節や環境、年齢によって異なります。また、爪は加齢的変化で、より厚みを増して、成長スピードが遅くなる傾向にあります。季節的な変化では、冬よりも夏のほうが早く伸びます。健康な成人の爪の成長速度は1日約0.1mmです。ネイルプレート（爪甲（そうこう））は指先の皮膚に密着しており、その先端は離れています。爪の根元の乳白色の部分は半月状をしているのでルヌーラ（爪半月）といい、未完成の爪の部分です。そのため、爪の根元は皮膚で覆われて保護されています。この皮膚はエポニキウム（爪上皮）といい、一般的に「キューティクル」や「甘皮」とよばれています。

爪の病気とトラブル

爪には身体のあらゆる症状が表れます。爪のトラブルは、色調の異常、形態の異常、爪の周りの皮膚の変化に分けて考えられます。

〈 色調の異常（外部から見て色ではっきり判別できるもの）〉

- 白斑：ルコニキア（爪白斑）
- 白濁：肝硬変、慢性腎不全、糖尿病
- 黄白色：爪真菌症、爪甲剥離症、ニコチン付着、内臓疾患、リンパ系の異常、新陳代謝の低下
- 青紫：先天性疾病系、肺疾患
- 青白い：貧血症
- 緑：緑膿菌感染
- 茶：発熱性肉芽腫、爪下出血
- 黒褐色：金属性色素沈着、アジソン病、薬剤の影響、爪下出血、メラニン色素増加、悪性腫瘍

〈 形・皮膚のおもな異常と原因 〉

検定 POINT

イメージ	名称／医学用語（一般用語）	おもな症状、原因	ケア方法
	爪の縦筋	ネイルプレートの表面に縦に平行に現れる線。おもに老化と乾燥が原因。	表面を軽く削ってなめらかに整え、ネイルオイルやクリームなどで爪・指先をマッサージして血行を促し、乾燥を防ぎ爪の成長を促しましょう。
	爪の横溝／ボーズライン（コルゲーテッドネイル）	甘皮の切りすぎや押しすぎ、打撲など外からの衝撃が考えられます。	爪の表面を軽く削ってなめらかに整え、乾燥を防ぐためネイルオイルやクリームなどで指先にうるおいを与えましょう。
	二枚爪／ピーリングネイル	リムーバーの使いすぎや、爪を切ったときの衝撃、爪の乾燥などが考えられます。	爪切りを使わず爪ヤスリで長さを整え、乾燥を防ぐためネイルオイルやクリームなどで指先にうるおいを与えましょう。
	爪白斑／ルコニキア（ホワイトスポット）	爪に白い点状のものが現れ、爪の成長とともに消失します。爪が生まれる際の角化異常や、打撲など外からの衝撃が考えられます。	一度できた白い点は消すことができません。カラーポリッシュ等でカバーしたり爪の伸びるのを待って切りましょう。
	ささくれ／ハングネイル	乾燥や強い洗剤、化粧品の使いすぎなどが要因として考えられます。	ささくれ部分をニッパーなどで取り除き、乾燥を防ぐため、ネイルオイルやクリームなどで指先にうるおいを与えましょう。
	爪周囲炎／パロニキア	黄色ブドウ球菌があれた皮膚や外傷から侵入し、赤く腫れあがります。	指先を消毒し、できるだけ清潔に保ちましょう。

14 ネイル化粧品とお手入れ方法

正しく使って美しい指先をキープしましょう

検定POINT ネイル化粧品の種類

お手入れ順: ① → ② → ③

種類	用途など
ベースコート	カラーポリッシュを塗る前に使用します。爪を保護し、色素沈着を防ぐだけでなく、表面をなめらかにしてカラーポリッシュのつきをよくします。また、カラーポリッシュの発色をよくするタイプもあります。
カラーポリッシュ	カラーポリッシュは、爪の表面に色彩を施すことで華やかさや光沢を出します。指先にさまざまな表情を演出するとともに、爪を膜で覆って保護する働きがあります。
トップコート	カラーポリッシュの上から使用し、ツヤを与えはがれにくくします。なかにはベースコートとトップコートの効果をあわせもつものもあります。
ポリッシュリムーバー	カラーポリッシュの除去に使用します。皮膜成分を溶解するアセトンや酢酸エチルなどの溶剤が主成分ですが、爪の脱水や脱脂を防ぐために、水分や保湿剤、そして油分を加えています。
キューティクルリムーバー	ネイルプレート上の古いキューティクル（甘皮ともいう）や、一般の汚れなどを除去して爪を美しく保つために用いられます。
キューティクルオイル（ネイルオイル）	爪とその周りの皮膚の乾燥を防ぐために塗布します。ホホバ油、ヤシ油などにミネラルやビタミンを配合したものが多くあります。ローズ、ピーチ、ラベンダー、アプリコットなど香りに配慮した商品が多くあります。
キューティクルクリーム	ネイルケアの際にキューティクルに塗布し、キューティクルを軟らかくするものです。油性成分（ワセリンやラノリン、ミツロウ、カメリア）などにビタミン、エッセンスを加えた保湿クリームです。

（カラーポリッシュ図：皮膜形成剤／溶剤／着色剤）

※カラーポリッシュの配合成分には、皮膜形成剤が含まれます。これは、速く乾かして硬い皮膜をつくる役割をするものです。

（ポリッシュリムーバー図：精製水／溶剤）

その他のネイル化粧品

ネイル化粧品には日々新しいものが出ています。ポリッシュ以外に、爪に色や輝きを演出するアイテムについて知っておきましょう。

アクリルネイル（イクステンション）

一般的にはスカルプチュアネイルとよばれる。混ぜると硬化するアクリルパウダーとアクリルリキッドを用いてつくる人工爪。短かったり割れやすい爪を延長したり補強することができ、装飾としてだけでなく、医療目的で用いられることもある。オフする際は表面をファイリングし、溶剤で溶かします。

ソークオフジェル

ジェルネイルとは流動性のある合成樹脂（粘液状）を爪に塗布し、紫外線A波や可視光線を照射して硬化する光重合（フォトポリマリゼーション）反応を、ネイル材料として爪に利用したものです。主要な成分であるモノマーやオリゴマーの選択により、硬化状態（強度や耐久性など）を変化させることができます。ソークオフジェルは結合力が弱く、柔軟性があります。その柔軟性は爪にフィットしやすくポリッシュ感覚で違和感がありません。ツヤと耐久性はネイルポリッシュより優れており、溶剤で落とせることが特徴です。

ハードジェル

硬く強い結合力がハードジェルの特徴で、美しい光沢が持続し、施術テクニックにより長さや高さ、爪の形状などをつくりだすことができます。一般的には溶剤では溶けないのでオフするときはファイリングをする必要があります。

コスメの素朴なギモン

アセトンフリーのリムーバーって？

ネイルポリッシュを落とす溶剤には種類があります。ネイルのジェルを落とすときは、溶かす力が高いアセトン入りのリムーバーがおすすめ。一方、通常のネイルポリッシュであれば、溶かす力が弱く、爪への負荷も小さいアセトンフリーのもので十分です。

基本的な爪の形やお手入れ法

検定POINT

〈 カットフォーム 〉

爪先の形にもそれぞれ名前があり特徴が違います。5つの形を覚えましょう。

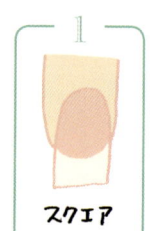

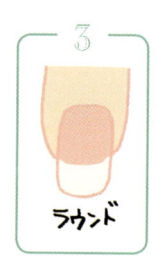

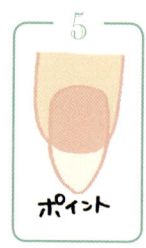

1. スクエア
2. スクエア・オフ
3. ラウンド
4. オーバル
5. ポイント

1. スクエア
爪の先端と両サイドがストレートな形で衝撃に強いです。ネイリストがコンテスト作品をつくるときに指定されることが多い形です。

2. スクエア・オフ
スクエアと似た形ですが、先端の両角をカットして丸みをもたせたもの。ダメージに強く、長さがある爪に対して幅も出るため、存在感のあるカットフォームになります。

3. ラウンド
両サイドはストレートですが、先端にはゆるやかなカーブをもたせた形です。スクエア・オフに比べて、やや女性的で優しいイメージのカットフォームです。

4. オーバル
爪先とエポニキウム（甘皮・キューティクル）ラインを同じように削った卵形。エレガントに見えますが、ダメージには弱くなります。

5. ポイント
ストレスポイントからシャープにカットした形。弱くて欠けやすくなります。

塗布のポイント

爪の表面に塗布する場合

ボトルのネック部分でハケの片側をしっかりしごきます。ハケの反対側に残ったポリッシュで塗布していきます。爪の大きさによって残す量を調節しましょう。

爪のエッジに塗布する場合

ボトルのネック部分でハケを回転させ、余分なポリッシュを落とします。ハケにポリッシュが均等についた状態にしてエッジ（先端）に塗布します。

※マットなタイプのポリッシュはエッジを塗ったあと、表面はセンターから左右均一に塗りすすめましょう。ムラになりやすいシアーやパールタイプのポリッシュはエッジを塗ったあと、表面は端から寄せていくように塗布するときれいに仕上がります。

〈 ネイルアートを楽しもう！〉

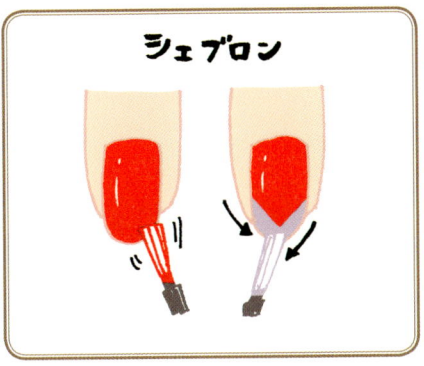

シェブロン

フレンチと同様に、ベースカラーと先端のカラーを交互に塗布していきます。先端のカラーは左右に分け、中央で合わせるように一気にまっすぐなラインをとっていくとよいでしょう。

変形フレンチともよばれます。シャープなラインをとるのでクールな印象です。カラフルなカラーを使用することで個性的なデザインに仕上がります。

フレンチ

ベースカラー、先端のカラーを交互に塗布していくととれにくくなります。先端のカラーはハケを横向きにして左右から塗布し、左右対称になるように中央でラインを合わせます。

ポリッシュアートの代表的デザイン。基本のベースカラーはナチュラルなシアータイプのベージュピンクで先端は乳白色です。最近では、色の組み合わせなど多彩になってきています。

グラデーション

ベースカラーを塗布したあと、先端に違うカラーをぼかしていきます。カラーポリッシュが乾かないうちに手早くぼかすのがコツです。1色だけでなく数色をぼかしてもかわいいです。

ポリッシュの特性を生かしたデザインです。エアーブラシのようなグラデーション効果が手軽に得られます。

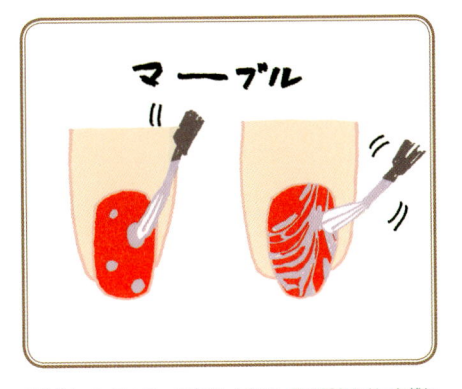

マーブル

爪全体にベースカラーを塗布したあと、何カ所かにドット状にポリッシュをおきます。ポリッシュが乾かないうちにトップコートのハケでバランスよくミックスします。

数色のポリッシュを使って表現する大理石模様や、明度差のあるポリッシュを合わせることで鮮明なマーブル模様に仕上げたり、色の組み合わせしだいでさまざまなデザインが楽しめます。

PART 5　化粧品原料と基礎知識

美にまつわる格言・名言

2

最も美しい化粧は情熱だ
しかし
化粧品の方が簡単に手に入る

イヴ・サンローラン　ファッションデザイナー

ファッションと女性の美を追求し、
コスメや香水にも情熱を傾けたサンローラン。
自身のブランドを開始してからすぐにフレグランスを発売したほどでした。

PART.5　　化粧品原料と基礎知識

香りの成分と働き
について知ろう

「香料」とは香りをもつ成分のことをいいます。
日本人は入浴の習慣もあり、きれい好きな国民性なので
無臭や無香を好む傾向もあり、先進国の中では珍しく、
においの強すぎる香水はあまり好まれません。
また、香りによって、
効果・効能を期待するアロマテラピーも人気です。

15 嗅覚のしくみと香りの種類

香りを感じるしくみと香りの分類

香りを感じるしくみ

香りは、まず鼻の奥にある嗅上皮(きゅうじょうひ)という粘膜に溶けこみ、嗅細胞の先端部分の嗅毛という極細の毛にキャッチされます。つづいて香りの分子の情報は、電気信号に変換されて大脳辺縁系に伝達され、ここで初めて「におい」として認識されます。この電気信号は、身体の生理機能をコントロールしている視床下部に届き、自律神経系、ホルモン系、免疫系などの身体を調節する働きにまで影響を及ぼします。

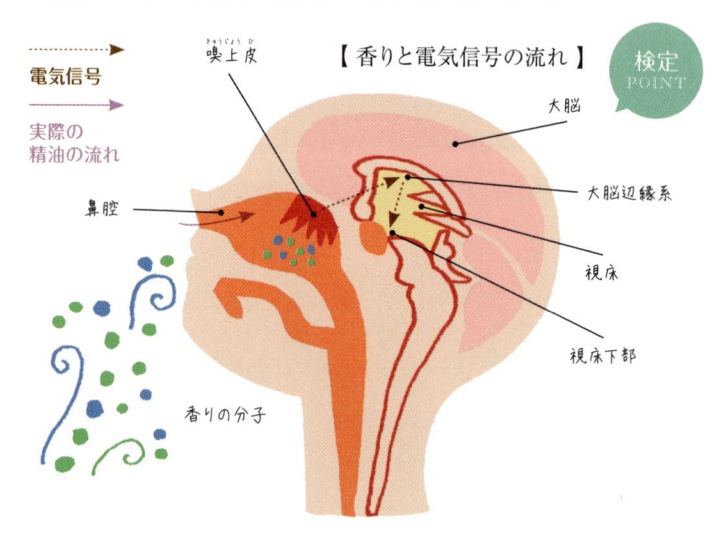

【香りと電気信号の流れ】

検定POINT

- → 電気信号
- → 実際の精油の流れ

嗅上皮 / 大脳 / 大脳辺縁系 / 視床 / 視床下部 / 鼻腔 / 香りの分子

【香りの流れの図】

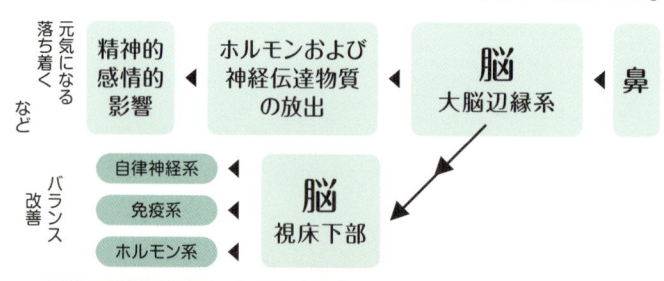

鼻 → 脳（大脳辺縁系） → ホルモンおよび神経伝達物質の放出 → 精神的感情的影響（元気になる・落ち着く など）

脳（視床下部） → 自律神経系／免疫系／ホルモン系 → バランス改善

香料の分類

天然	植物性香料・精油
	動物性香料
合成	単離香料
	合成香料

天然香料

天然香料とは、天然の香りをもつ植物から蒸留、抽出、圧搾などの物理的化学的処理によって取り出した香料のことで、植物性香料と動物性香料があります。

〈 1. 植物性香料、精油 〉

植物性香料は、精油ともいわれ、数百種類ありますが、実際に使われているものは150～200種類といわれています。精油は、アロマテラピーの世界では雑貨に分類されるので、誰でも扱え、購入することができます。

検定POINT

植物性香料、精油の抽出方法

圧搾法
おもに柑橘系の精油の抽出に使われる方法
柑橘系の果実の皮を搾って抽出する方法です。果皮と果実に分け、ローラーや遠心分離機などを使って果皮を圧搾。この方法は熱を使えないため、低温の状態で精油を抽出します。

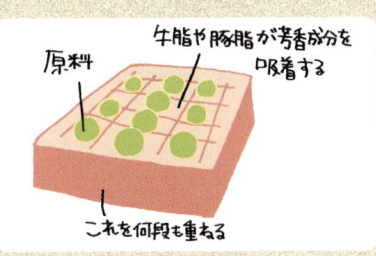

水蒸気蒸留法
水蒸気で蒸すもっともポピュラーな方法
原料になる植物を蒸留釜に入れて、蒸気を吹きこみます。蒸気の熱によって気化させ、その水蒸気を冷却して液化。液体の上部に浮かんだ芳香成分を精油として抽出します。

油脂吸着法
現在では、ほとんど使われていない方法
牛脂や豚脂に原料を吸着あるいは浸して芳香成分を吸着し、アルコールを使って芳香成分を抽出します。現在ではほとんど使われていませんが、歴史的に存在した大切な方法。

溶剤抽出法
植物の芳香成分を直接溶かしだす方法
石油エーテル、ヘキサン、ベンゼンなどの揮発性の溶剤と原料になる植物を溶剤釜に入れます。溶け出したいろいろな成分の中から、アルコールを使って芳香成分のみを抽出します。

PART 5 化粧品原料と基礎知識

植物性香料、精油の効能早見表

ゼラニウム	スイートマージョラム	ジュニパー	サンダルウッド(白檀)	グレープフルーツ	クラリセージ	カモミールローマン	オレンジスイート	イランイラン	抽出部位	
葉と木部	葉と木部	果実	樹脂と木皮	果実	葉と木部	果実と葉	果実と葉	葉と木部		
●		●		●	●	●		●	髪のパサつき	身体の悩み
		●							汗・口のにおい	
●		●					●	●	手のトラブル	
						●			ニキビ	肌の悩み
●		●			●			●	しわ・たるみ	
		●		●					毛穴が目立つ	
●									シミ・くすみ	
●						●			赤ら顔	
	●	●					●		冷え性	女性に多い悩み
●	●	●	●						脚のむくみ	
		●							ダイエット	
●	●	●							セルライト	
●			●						足裏の角質	
	●	●		●	●		●		PMS	
●	●	●	●						更年期のトラブル	

葉と木部 　樹脂 　樹脂と木皮 　果実 　果実と葉 　根 　種子

代表的な44種の植物性香料、精油のよく知られている効能を悩み別に一覧にしました。症状に効果的な植物性香料、精油の目安として活用しましょう。

	カモミールジャーマン	アンジェリカルート	ローズマリー	ローズオットー	レモングラス	レモン	ラベンダー	ユーカリ	ベルガモット	ペパーミント	フランキンセンス	ネロリ	ティートリー
抽出部位	花	木部	花と葉	花	葉	果皮	花	葉	果皮	花と葉	—	花	葉
			●	●			●						
			●			●	●			●			●
			●				●						
抗炎症	●	●	●	●	●	●	●				●		●
			●	●		●	●				●	●	
	●										●	●	
			●	●							●	●	
	●		●	●							●		
			●	●	●			●	●				
					●					●			
			●		●	●	●						
			●		●	●	●						
	●					●	●			●		●	
			●	●			●						
				●			●						

※抽出部位をイラストで示しています。　🟡果皮　✿花　🍃葉　✿花と葉　🌳木部

植物性香料、精油の効能早見表

パチュリー	バジル	パイン	ジンジャー	ジャスミンアブソリュート	シナモン	シダーウッド	サイプレス	キャロットシード		
葉	葉	果実	根	果実(花)	葉	葉と木部	果実と葉	種子	抽出部位	
						●		●	髪のパサつき	身体の悩み
●	●					●	●		汗・口のにおい	
								●	手のトラブル	
●	●					●			ニキビ	肌の悩み
			●					●	しわ・たるみ	
						●	●		毛穴が目立つ	
								●	シミ・くすみ	
						●	●		赤ら顔	
●		●(肩コリ腰痛)	●		●	●			冷え性	女性に多い悩み
●						●	●		脚のむくみ	
		●	●				●		ダイエット	
●		●				●	●		セルライト	
									足裏の角質	
	●		●						PMS	
			●				●		更年期のトラブル	

葉と木部　樹脂　樹脂と木皮　果実　果実と葉　根　種子

	ローズウッド	ラヴィンサラ	ヤロウ	メリッサ	ミルラ	マンダリン	ベンゾイン	ヘリクリサム	ベチバー	ブラックペッパー	プチグレン	フェンネル	パルマローザ
抽出部位	木部	木部	花	花と葉	果皮	果皮	果皮	花	木部	果皮	木部	葉	葉
	●												
											●		
							●						
	●		●				●						
				●							●		
							●						
													●
								●					
									●				
												●	
水虫		●				●							●
生理痛				●	●	●							
								●	●		●	●	

※抽出部位をイラストで示しています。　果皮　花　葉　花と葉　木部

植物性香料、精油の利用法

精油は、一般的に精油びんや専用のスポイトでは、**一滴が約 0.05ml** です。使用する際には、びんを振ったりせずに静かに傾けましょう。自分でオリジナルの化粧品をつくる場合は、下記の表を参考にしてください。

> ブレンドした化粧料を使用するときは、必ず**パッチテスト**をしてください。専門家の指導がない場合、**原液を肌に塗るのは避けてください**。※専門家や医師の指導の下では、ティートリーやラベンダーなどの原液を用いることもあります。

一般の大人の場合（希釈例）	ベース原料	精油（〜以下）
スキンローション	50ml（水やグリセリン）	1滴
フェイス用トリートメントオイル	30ml（オイル）	1〜3滴
トリートメントオイル	30ml（オイル）	6滴
バスオイル	20ml（オイル）	1〜5滴
バスソルト	大さじ1杯（塩）	1〜3滴

〈 2. 動物性香料 〉

動物性香料は、**動物の分泌腺などから採取したもの**をいいますが、野生動物から抽出するのでワシントン条約により取引禁止になっています。**動物性香料として、取り扱われていた4種の香料も今では合成香料でまかなわれています。**

動物性香料4種

ムスク	シベット	アンバーグリス	カストリウム
ジャコウジカの雄の生殖腺から抽出	ジャコウネコの雄雌の分泌腺のうから抽出	マッコウクジラの結石様物から抽出	ビーバーの雄雌の生殖腺のうから抽出

※現在では合成に頼っています。

合成香料

合成香料には、天然香料から抽出した成分を簡単な化学処理をして得る**単離香料**（例：ハッカからメントールを作る）や、天然香気成分や天然には存在しないが香料として有名な化合物を化学的に合成した**合成香料**があります。

〈 調合香料 〉

調合香料とは、**天然香料と合成香料を用いて調合した、香料**のことをいいます。オリジナルの香りをつくることを調香といい、化粧料や日用品は複数の香料で調香されることが多く、天然香料や合成香料が単一で用いられることはほとんどありません。

化粧品に香りをつける場合の目安

- 化粧水 ……………………………… 0.01〜0.39%
- クリーム類 ………………………… 0.05〜0.8%
- メイクアップ化粧品……………………… 0.5%
- シャンプー・リンス……………………… 0.2〜1.0%
- 石けん ……………………………… 0.8〜2.0%

〈 香水とは？ 〉

香水は、**調合香料をエチルアルコールまたは蒸留水で溶解**し、熟成期間のあとに製品化されたものをいいます。

光毒性に関する注意

精油成分の一部には皮膚に塗布した状態で、**日光などの強い紫外線と反応することによって、皮膚に炎症を起こすなどの毒性を示すもの**があり、これを**光毒性**といいます。光毒性があるものとして知られている成分の代表的なものに、**ベルガプテン**などがあります。これはベルガモットをはじめとする**柑橘系（レモン、グレープフルーツなど）の精油に含まれる成分**です。これらの光毒性の可能性のある精油を外出前や外出中に使用するときは十分な注意が必要です。

香りの変化

香水は、さまざまな香料から構成され、全体としてひとつの香りにまとめられていますが、成分や分子が単一になったわけではありません。肌につけて揮発し、時間とともに香りやすい成分から順に飛びだしていくため、グラデーションを描きながら香りがどんどん変化します。

香水の選び方は？

通常一度にかぎわけられるのは2、3種類。手の甲や手首の内側に1〜2滴つけアルコール分をとばしてから、鼻から少し離し手を静かに動かしてかぎます。手につけると体温であたためられて実際に使うときのように自然に香りが立ちます。ムエット（匂い紙）を使う場合は2、3回振ってアルコール分をとばしてからかぎます。

つけるタイミング

ミドルが本格的に立ちあがり香りが元気になる頃を考え、よい印象を与えたい人に会う30分くらい前が香水をつける目安となります。商品ごとに一番よい香りだちが訪れる時間、持続する時間が異なるので、自分のお気に入りの香水が一番香るタイミングを観察しておくことが、効果的に香水を使用するテクニックです。

つけ方

首やひじの内側、ひざの裏側などがおすすめです。とくに皮膚の弱い人はスカートのすそなどにつけましょう。

- シトラス系やグリーン系
- フローラル系
- オリエンタル系

検定POINT

トップノート（香水の第一印象）

一般的に10〜30分間に香るトップノートには、おもに積極的に香るシトラス系やグリーン系があります。

ミドルノート（香水の中心）

トップノートにつづき30〜1時間後に香るミドルノートは、その香水の個性が一番出る中心的な香りです。6〜7割はフローラル系中心に構成されています。

ラストノート（香水の余韻）

最後まで持続する香りで、2〜3時間後に香るラストノートは、残香性の高いバニラやウッディー系、ムスクなどです。香りたつまでに時間はかかりますが、持続時間は6〜7時間と長めです。

香りの保存方法

1. 直射日光は避けましょう
2. 温度変化の激しいところには置かないように
3. 空気に触れないようにしましょう

香りの使用期限

開封したら1年を目安に使いきりましょう。未開封の場合の使用期限は約3年です。

〈 香りの持続時間の目安 〉

調合香料には一般的に私たちが香水とよんでいるものから、オードトワレやオーデコロンなどさまざまなものがあります。ベースの溶剤や香料の配合量によって、そのよび名は変わります。それぞれの香料配合率と持続時間の目安を表にまとめました。

種類	香料配合率	ベース	持続時間の目安	解説
香水（パフューム、パルファム）	20～30%	エタノールと保留剤	5～7時間	濃度が高く少量で香る。高値なものが多い
オードパルファム	7～15%	エタノールと保留剤	4～6時間	
オードトワレ	5～10%	エタノールと保留剤	3～4時間	数時間でほんのり香りが残る
オーデコロン	2～5%	エタノールと保留剤	1～2時間	ライトに香る
練り香水	2～5%	エタノールと保留剤	1～2時間	穏やかに香る。固体で持ち運びに便利
芳香パウダー	2～5%	エタノールと保留剤	1～2時間	ほのかに香る
石けん	2～5%	エタノールと保留剤	1～2時間	

"オー"（Eau）とは？
【オードパルファム】【オードトワレ】【オーデコロン】

「オー」はフランス語で水を意味します。香水はエタノール、水、香料でできており、昔、香水を「～の水」「オーデ～」とよんだことが発祥といわれています。また香料の配合率が低く、持続時間が短いことを示しています。

※持続時間はつける量や商品により異なる場合があります。
※トワレやコロンであってもムスクのように残香性のある香料の場合、24時間香ることもあります。
※香水の分類は薬事法による規制がないため各メーカーが独自によびわけることができます。

無香料と無香の違い

よく、無香料という表示をみかけますが、その意味は「香料を使用していません」ということです。香りがないのは「無香」です。無香料という表示の化粧品が、まったくの無香であるとは限りません。たとえば、天然の成分をそのまま使用している場合、原料の香りが残ります。大手メーカーの有名シリーズの基礎化粧品ラインも、無香料・無着色と表示がありますが、色は完全に透明ではありませんし、香りもあります。これは、着色料を使用せず、香料を加えていませんという意味なのです。つまり、無香料と無香では、大きく意味が違うのです。この違いを間違えないようにしましょう。

香水の分類と特徴

次の8つの主分類と9つの副分類は国際的な基準、シムライズ社の分類です。

検定POINT 香水の主分類

香りの種類	そのグループがもつ香りの特徴
シトラス	レモン、ベルガモット、オレンジ、グレープフルーツ、ライムなどからなる柑橘系の香り。新鮮でさわやか、爽快感を感じる香り
グリーン	青葉や青草をもんだときに感じる青くさい香りや、ヒヤシンスのグリーンノートとフローラル系をあわせもつ香り
シングルフローラル	ローズ、ジャスミン、すずらん、ライラック、ガーデニアなど1つの花の香り。西洋風のシンプルでカジュアルな香り
フローラルブーケ	複数の花がミックスされた花束のような香り。高級感のある現代風の香りで、女っぽい甘さが漂う
フローラルアルデハイド	花の香りがアルデヒドで特徴づけられている香り。女っぽい甘さと優雅さに、さらに深みがプラスされたロマンチックな香り
シプレー	オークモス（苔）、ベルガモット、ジャスミン、ローズ、ウッディ、ムスクなどのコンビネーションが特徴となっている香り
フロリエンタル	フローラル系の優しさと、オリエンタル系の個性・強さをもちあわせた香り
オリエンタル	ウッディ、パウダリー、アニマル、スパイシーな特徴が強い香り。濃艶でセクシーな大人の香り

検定POINT 香水の副分類

香りの種類	そのグループがもつ香りの特徴
フルーティー	柑橘以外の果実の香り。ストロベリー、ピーチ、グレープ、アップル、カシスなどが代表的
アルデハイディック	脂肪族アルデヒド類のむせるような強烈な香り。少量使うと香りに深みが出る
パウダリー	粉っぽい香り。大人っぽく女性的なイメージの香りで、ワニリン、ヘリオトロピン、ムスクなどが代表的
ウッディ	重厚感を感じさせる木の香り。サンダルウッド（白檀）、シダーウッド、パチュリー、ベチバーなどが代表的
モッシィ	樫の木につく苔の香り。湿った森林の中を連想させる香り
スパイシー	ピリッとしたスパイスの香り。グローブ、ペッパー、シナモン、ナツメグ、ローズマリー、タイム、カーネーションなどが代表的
レザータバック	皮革やタバコの男性的な香り。男っぽいさわやかさを感じさせる
バルサミック	樹脂の香り。重くて深みのある甘い香り
アニマル	動物性香料の香り。ムスク、アンバー、シベット、カストリウムの香り。セクシーで濃艶なイメージ

PART 5　化粧品原料と基礎知識

ふたつの表現を使っている場合は、後ろが主香調です

ふたつの表現が含まれる場合、前がアクセントとなる香調、後ろが主香調です。

例　グリーン　フローラル　、フルーティ　シトラス
　　アクセント　主香調　　　アクセント　主香調

美にまつわる格言・名言

3

健康と快活が美しさを育てる

ことわざ

美しさの基盤は健康です。
内からあふれる明るいエネルギーは
素敵な女性に成長するために欠かせません。

PART.5 　化粧品原料と基礎知識

オーラルケアと
ケア製品
について知ろう

口腔および口元の美しさを保つためには、
自然な白い歯、炎症のないピンク色の歯肉、そして整った歯列が必要です。
歯垢で汚れた歯、赤く腫れあがった歯肉などでは、美しい口元を描けません。
口腔の美を保つためには、歯に付着する細菌のかたまりである歯垢や
ステインを除去・抑制して、虫歯や歯周病を予防し、
口の汚れによる口臭の発生を防ぐことが必要です。
そのために、口腔を清潔に保つオーラルケアとケア製品について知っておきましょう。

16 口腔と歯の構造

口腔内や歯の健康を守るために構造を知ろう

口には、噛む・味わう・飲む・話す・笑う・歌う・楽器を演奏するなど多くの機能があります。

人間の歯は、個人差はありますが、生後半年くらいから乳歯が生えはじめ、2歳半ごろに20本生えそろいます。その後、6歳くらいから乳歯は抜けはじめて永久歯に代わり、大臼歯が新たに加わって12歳ころまでに28本の永久歯が生えそろいます。第三大臼歯（知歯・親知らず）は18歳くらいになって生えますが、なかには埋没したままで生えてこない場合もあります。

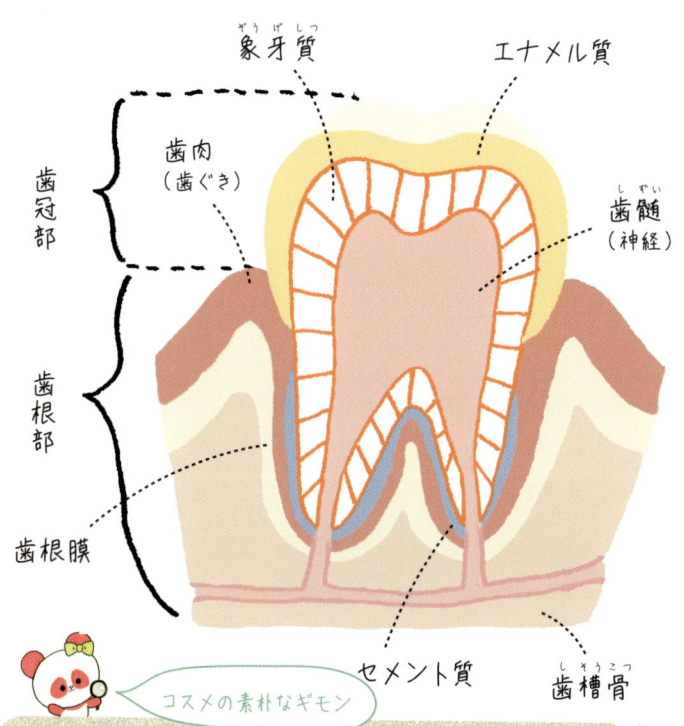

図の各部名称：
- 象牙質（ぞうげしつ）
- エナメル質
- 歯肉（歯ぐき）
- 歯髄（神経）（しずい）
- 歯冠部
- 歯根部
- 歯根膜
- セメント質
- 歯槽骨（しそうこつ）

コスメの素朴なギモン

歯の健康は全身の健康へつながる！

歯や歯肉、舌などの口腔内の病気は全身の不調へつながります。口腔内の健康を守ることは全身の健康を維持するためにも、また顔の印象を整えるうえでも重要です！

歯と口腔周りの病気・トラブル

虫歯

ミュータンス菌（細菌）が出す酸によって歯が溶ける病気。初期段階であればセルフケアによって改善することができますが、いったん歯に穴があいてしまうと崩壊が進み、治療も困難になります。原因は細菌・糖質（とくに砂糖）・歯の質の3つといわれ、これらの条件がそろい時間が経過するとリスクが高まります。糖が細菌によって代謝され酸がつくられるので、甘いものをよくとる食生活には注意が必要です。

歯垢（プラーク）

歯の表面に付着した数十種類の細菌のかたまり。糖分を利用して酸がつくられます。薄黄色をしていて粘性があり、舌で触るとべとつきやざらつきとして感じられます。正しい歯磨きで容易に落とせます。放っておくと、歯周病、虫歯、歯石、口臭などあらゆる口腔トラブルを引きおこします。

ステイン

紅茶、コーヒー、ワインなどに含まれる色素やタバコのヤニなどは、時間をかけて少しずつ蓄積され、ステイン（歯の着色汚れ）の大きな原因となります。歯並びが悪い部分はとくに注意して、毎日丁寧な歯磨きを行うことで予防できます。

口臭

口臭の原因の80％以上が口の中にあるといわれています。口臭の種類は、起床時、空腹時、緊張時など唾液の分泌が減少し、細菌が増殖することによる「生理的口臭」、タバコやにおいの強い食べ物による「外因的口臭」、虫歯や歯周病を原因とした「病的な口臭」に大きく分けられます。生理的口臭は歯垢や食べ物のカス、舌苔（舌の表面につく苔のような汚れ）がにおいの元なので歯間ブラシなどで正しいオーラルケアで予防ができます。

検定POINT オーラルケア製品

もともとオーラルケア製品は虫歯予防のためのものが主流でした。それが、最近では審美意識の高まりとともに、口臭を気にする人が増えたため、歯の美白や口腔ケアが重要視されるようになってきました。

〈 おもなオーラルケア 〉

歯磨き剤（トゥースペースト）

歯磨き剤は基本成分だけで構成されている化粧品歯磨き剤と薬効成分が配合されている医薬部外品歯磨き剤に分けられます。歯磨き剤には基本成分として、研磨剤や湿潤剤、粘結剤、香味剤などが配合されています。これに、薬効成分を加えたものが医薬部外品歯磨き剤です。虫歯予防の代表的な薬効成分としては、フッ化物があり、フッ化ナトリウムなどが使われています。歯質の耐酸性を向上させるとともに、歯のエナメル質を回復させる再石灰化作用があります。

洗口剤（マウスウォッシュ・デンタルリンス）

液体の歯磨き剤というようなコンセプトでつくられた製品で、殺菌作用のある液体で口をすすいで使います。イメージ的には、口腔内の汚れを落とすというものですが、歯ブラシを使ってブラッシングしなければ歯に付着した歯垢などは落とすことは不可能です。歯ブラシでブラッシングしたあとに洗口剤で仕上げる、もしくは洗口剤使用後にブラッシングをするといった使い方が多くなっています。

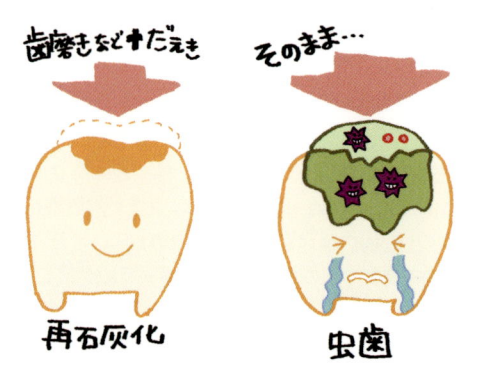

歯が白くなるメカニズム

ホワイトニングは歯の表面のエナメル質に付着した着色物質を過酸化水素によって取り除きます。これは、歯自体を削ったり、溶かしているのではなく、過酸化水素が酸化する際に酸素が発生し、着色物質と結合、着色物質のみを分解・除去しているのです。このメカニズムにより、歯のホワイトニングは歯に本来の白さを取り戻してくれます。

①歯が変色した状態

歯の内部の色素が多く、歯が黄色く見えている状態。

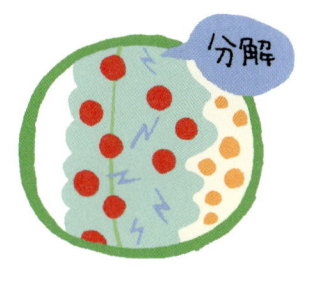

②ホワイトニングによる色素の分解

ホワイトニング剤を塗布すると、徐々に内部までしみこんでいき色素を分解。

③ホワイトニング後の白くなった歯

徐々に色素も減り、透明感のある白い歯になった状態。

〈 歯のマニキュア 〉

塗るだけで歯が白くなるという製品。ブラッシングでは落ちない黄ばみなどを改善するものです。ドラッグストアなどでも購入できるものは歯の表面に塗料を塗るというものです。クリニックで行うマニキュアは効果が数カ月持続するものもあります。

〈 入れ歯洗浄剤 〉

入れ歯は汚れがたまりやすく、こまめに手入れをする必要があります。入れ歯洗浄剤でつけ置きして、入れ歯の汚れを落とすというのが一般的な使い方になります。通常の歯磨き剤などで入れ歯を磨くと、入れ歯の表面に傷がついてしまい、汚れやすくなります。ただし、歯磨き剤をつけずにブラッシングするだけなら問題はありません。

美にまつわる格言・名言

4

女の髪の毛には大象も繋がる

ことわざ

女の髪には男の心をひきつける強い力があるというたとえ。
豊かでつややかな髪には、それだけ強い魅力が宿るのです。

PART.5　　化粧品原料と基礎知識

サプリメントの基礎知識

コンビニエンスストアやレトルト食品、お惣菜などの利用により、
近年は食生活がとても便利になりました。その半面、食事だけで
バランスよく栄養を摂取するのが難しくもなっています。
そのような食生活の中で有望な商品として注目されているのが
サプリメント（栄養補助食品）の存在。栄養分を補給することを
目的としていて、医薬品ではないので誰もが気軽に買い求めることができます。
ただし、飲みあわせなどを間違えないように成分や効果などを知っておきましょう。

17 サプリメントの基礎知識
現代日本人に欠かせない栄養補助食品

サプリメント（栄養補助食品）とは、**食べること、栄養分を補給**することを目的としているものです。薬ではありませんが、過剰に摂取すると副作用を起こすこともあるので、**多量に摂取することがない**ようにしましょう。また、基本的な飲み方は**食事のあとに水と一緒に摂取**するのがよいとされています。満腹時のほうが食べ物と一緒にゆっくりと継続的に吸収され、総合的に吸収率が増加します。ただし、成分の特性から摂取タイミングが異なるものもあります。詳しくは180ページの表参照。

サプリメントと薬の違い

日本国内において、サプリメントと薬の違いをまとめました。

	薬	サプリメント
効果の違い	**病気の治療**を目的としたもので、薬効成分が身体へ働きかけます。効能・効果が高い半面、副作用を伴うことがあります。	身体に必要な栄養素を補い、健康の維持、増進が目的。**栄養不足からくる不調の改善**を助けたり、**病気の予防**のために摂取。効果はゆるやか。
服用期間の違い	**病気が治るまでの服用**となるため、慢性的な症状の治療を除き、一般的には服用期間が短いです。	栄養補助を目的とし、**3カ月以上つづけて摂取することが推奨**されています。
入手方法の違い	病気の治療もしくは予防のため、**病院か薬局で処方または販売**されます。	**薬局やスーパーなどで購入**できます。

薬には医師の処方箋がないと購入できない医療用医薬品と、処方箋を必要としない一般用医薬品があります。なお一般用医薬品は購入時に提供が必要とされる情報の程度によって3つに分類され、販売できる店舗形態に制限が設けられています（薬剤師の常駐の有無など）。
※薬事法改定で揺れる通信販売…2009年の薬事法改正は薬局以外に医薬品販売店舗が拡大した半面、これまで通信販売で購入できた医薬品のうち購入できなくなるものが発生するなどの問題点を抱えており、施行後も調整がつづいています（2013年7月現在）。

コスメの素朴なギモン
サプリメントは何で飲むと効果的？

じつは水道水の中に含まれる塩素が、ビタミンを破壊してしまい、鉄分はお茶に含まれるカテキンによって吸収が妨げられます。ミネラルウォーターや塩素除去された水で摂取しましょう。

食品での区分

サプリメントは薬と食品の性格をあわせもっているものですが、日本では明確に法律化されたサプリメントという区分がないため、「薬」ではなく「食品」扱いです。食品では下記の表のような区分が設けられています。

検定POINT

食品

保健機能食品

特定保健用食品（トクホ）

最近よく目にする表示ですが、個々の製品ごとに消費者庁長官の許可を受けて「〜という成分を含んでいるので、身体に〜という働きが期待できます」と表示できる食品のことです。**特定の目的と効果をうたえるため、注目されています。**

※許可をうけたものだけにこのマークをつけることができます。

栄養機能食品

「〜という成分は、〜に必要な栄養素です」と表示が可能な食品。1日あたりの摂取目安量に含まれる栄養成分が国で定めた上・下限の規格に適合している場合に表示ができます。たとえば、カルシウム、亜鉛、マグネシウム、ビタミンC、葉酸など。商品の表示に**「栄養機能食品（カルシウム）」**などと表現することができます。

一般食品

一般食品（いわゆる健康食品を含む）。含有する栄養成分を表示して販売することはできますが、その機能性を表示したり、製品名に「機能」「保健」といった言葉を使って、保健機能食品と勘違いさせるようなことは法律によって禁じられています。

数字をよく見て成分量をCheck

【例】
- Aサプリ／内容量300g
（コラーゲン2000mg×100粒）
＝200g
- Bサプリ／内容量400g
（コラーゲン1000mg×100粒）
＝100g

薬のように即効性がなく、一般食品のようにおいしさや味の好みで選ぶことができないサプリメントは、選択基準があいまいになりがちです。値段やキャッチコピーに惑わされることなく、パッケージの表示などを読みとれるようにしましょう。内容量には、**「内容量（添加物を含む製品自体の重さ）」**と**「内容物（ある成分の純粋な量）」**の表記があります。同じ成分のサプリメントで右上のような表記がある場合、一見Bの製品のほうが量が多いように見えても、**成分量ではAのほうが多い**ということになります。

検定POINT おすすめ栄養成分

身体の状態	成分
肌のかさつき、肌あれ	ビタミンA、ビタミンB₆、ビタミンC、ビタミンE、コラーゲン
ダイエットをしたい	カプサイシン、L-カルニチン
シミやくすみ	β-カロチン、ビタミンC、ビタミンE、L-システイン、鉄 ※肝斑にはトラネキサム酸（医薬品）
目の疲れ	ビタミンA、ビタミンB₁、ビタミンB₆、ビタミンB₁₂、ポリフェノール（ルテイン）
食欲不振	ビタミンB群、カプサイシン
腰痛、肩コリ	ビタミンB₁、ビタミンB₁₂、ビタミンE
睡眠不足	ビタミンB₁、ビタミンB₆、ビタミンB₁₂、セロトニン
髪にツヤがなく枝毛が多い	ビタミンE、たんぱく質、亜鉛、ビタミンB₆
運動不足	ビタミンB₁、ビタミンB₂、パントテン酸、ビタミンE
手足のむくみ	ビタミンB₁、カリウム
気分転換、眠気予防	カフェイン
血圧、コレステロールを抑える	タウリン、グリシニン
血行促進	カプサイシン
便秘	ビフィズス菌、食物繊維
動脈硬化防止	ポリフェノール、EPA、DHA
疲労回復	ローヤルゼリー、ビタミンB群
関節の痛み	グルコサミン、コンドロイチン
肝臓機能低下予防	ウコン、ニンニク（アリシン、メチオニン、ビタミンB₁）
細胞の活性化	コエンザイムQ10、プラセンタ

効果的な摂取タイミング

水溶性ビタミン類		最低でも4時間程度間隔をあけて摂取する。ただし、あぶらっこい食事のあと、2時間は控えたほうがよい。
脂溶性ビタミン類		食事中に摂取するのがベスト。
ミネラル類		食事中に摂取するのがベスト。
プロテイン・アミノ酸類	通常時	就寝前がベスト
	トレーニング時	トレーニング直前から直後まで、少しずつプロテインを摂取するのがベスト。特にトレーニング直後から30分間はゴールデンタイムと呼ばれる時間帯があり、効果が高いとされる。

美にまつわる格言・名言

5

20才の顔は自然の贈り物 50才の顔はあなたの功績

ココ・シャネル　ファッションデザイナー

50才の自分にむけて、
今からケアする習慣をつけることが
美を保つ秘訣かもしれません。

PART.6
化粧品に まつわるルール

Rules

化粧品は肌や髪などにつけるという性質から

それを製造して販売し、

安全に使ってもらうために

使用する人のことを考えた

いろいろなルールが存在します。

化粧品開発側を目指す人や、

化粧品業界で働きたい人などには

必要な知識です。

1 化粧品と薬事法

安全性と安定性を守るための薬事法

化粧品のルールにはこのようなものがあります！

法律
薬事法
→化粧品や薬用化粧品、医薬部外品などの定義
→化粧品をPRするための表現のルール
→化粧品の効果の範囲を決める

＋

ルールBOOK

業界内ルール
安全自主基準など

薬事法は、保健衛生上の観点から医薬品、医療機器、医薬部外品、化粧品を規制する法律です。昭和35年に制定され、社会や科学の発展を踏まえて何度も改正され現在に至っています。ここでは化粧品が薬事法によってどのように規制されているか知りましょう。

〈化粧品の定義とは？〉

検定POINT

法律上、「**薬用化粧品**」とは医薬部外品として認められている化粧品のことで、「**一般化粧品**」とは薬用化粧品以外の化粧品のことで、両者を含めて化粧品と呼びます。

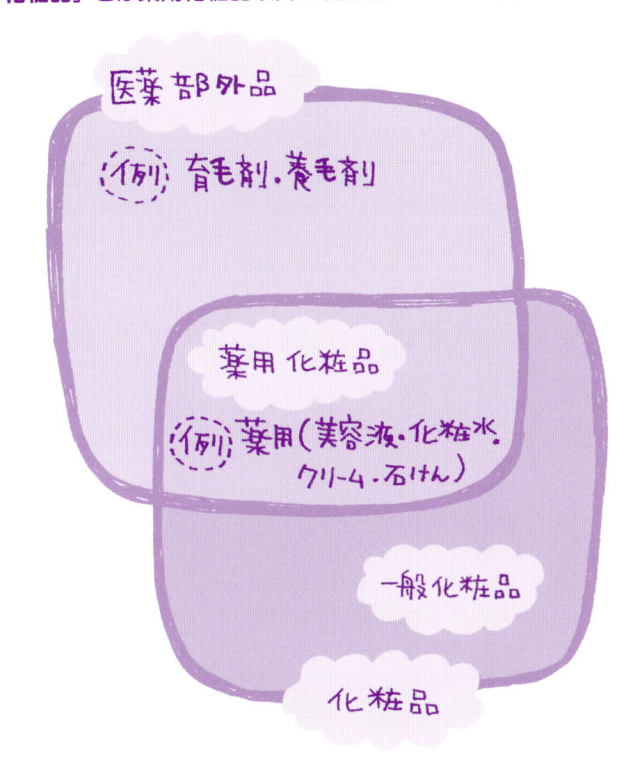

医薬部外品
(例) 育毛剤・養毛剤

薬用化粧品
(例) 薬用(美容液・化粧水・クリーム・石けん)

一般化粧品

化粧品

化粧品は薬事法によって「化粧品」と「薬用化粧品」に分類されます。「**化粧品**」は人体に対する作用が**緩和**なもので、肌の保湿、髪・爪の手入れや保護、着色などの効果が期待されています。一方、「**薬用化粧品**」は化粧品としての期待効果に加えて、ニキビを防いだり、美白やデオドラントなどの効果をもつ「**有効成分**」が配合され、**化粧品と医薬品の間**に位置する「**医薬部外品**」に位置づけられます。「医薬部外品」には「薬用化粧品」のほかに、染毛料、パーマネント・ウェーブ剤、浴用剤、育毛剤、除毛剤などがあります。つまり、「化粧品」と「薬用化粧品」の大きな違いは、**認定された有効成分が配合**されているか？という点です。「薬用化粧品」の場合、容器や外箱に「医薬部外品」と表示されています。また、「化粧品」は薬事法で**全成分表示**が義務づけられていますが、「医薬部外品」は**自主基準で成分表示をしている**といった違いもあります。

PART 6 化粧品にまつわるルール

2 法によって適正に範囲が定められています
化粧品・薬用化粧品・医薬部外品の効能と効果

薬事法では、**化粧品の効能・効果の範囲**について p187 の表1のように **56項目**に規定しています。どのような化粧品でも、この範囲以外の効能を表示したり、うたってはいけません。薬用化粧品や医薬部外品にも同じような定めがあります。それぞれ p188 の表2、p189 の表3のようになっていて、この範囲を外れた効能・効果の範囲を訴求することはできません。この ように、化粧品や医薬部外品などは、その効能・効果の表現がとても厳しく制限されていますが、これは化粧品や医薬部外品の使用目的が薬事法で定義する「健康な肌の維持」であり、肌への作用が穏やかなことが必要であるためのです。

化粧品や医薬部外品では効能・効果の範囲が限られ、その作用も緩和であることから、医薬品よりも劣っているのでは？ という印象をもたれがちですが、実際には目的や使用方法が異なりますので単純に比較はできないのです。また、化粧品ではこれらに加えて**「化粧品の表示に関する公正競争規約」**に基づく**種類別名称**や、**化粧品業界の自主基準**である**使用上の注意**も記載しています。効能・効果だけではなく、消費者の安全面にも細心の注意を払っています。

> 検定POINT

表1. 化粧品の効能・効果の範囲

1. 頭皮、毛髪を清浄にする。
2. 香りにより毛髪、頭皮の不快臭を抑える。
3. 頭皮、毛髪をすこやかに保つ。
4. 毛髪にハリ、こしを与える。
5. 頭皮、毛髪にうるおいを与える。
6. 頭皮、毛髪のうるおいを保つ。
7. 毛髪をしなやかにする。
8. くしどおりをよくする。
9. 毛髪のつやを保つ。
10. 毛髪につやを与える。
11. ふけ、かゆみがとれる。
12. ふけ、かゆみを抑える。
13. 毛髪の水分、油分を補い保つ。
14. 裂毛、切毛、枝毛を防ぐ。
15. 髪型を整え、保持する。
16. 毛髪の帯電を防止する。
17. (汚れを落とすことにより)皮膚を清浄にする。
18. (清浄により) ニキビ、あせもを防ぐ (洗顔料)。
19. 肌を整える。
20. 肌のきめを整える。
21. 皮膚をすこやかに保つ。
22. 肌あれを防ぐ。
23. 肌をひきしめる。
24. 皮膚にうるおいを与える。
25. 皮膚の水分、油分を補い保つ。
26. 皮膚の柔軟性を保つ。
27. 皮膚を保護する。
28. 皮膚の乾燥を防ぐ。
29. 肌を柔らげる。
30. 肌にハリを与える。
31. 肌につやを与える。
32. 肌をなめらかにする。
33. ひげをそりやすくする。
34. ひげそり後の肌を整える。
35. あせもを防ぐ (打粉)。
36. 日やけを防ぐ。
37. 日やけによるシミ、ソバカスを防ぐ。
38. 芳香を与える。
39. 爪を保護する。
40. 爪をすこやかに保つ。
41. 爪にうるおいを与える。
42. 口唇のあれを防ぐ。
43. 口唇のきめを整える。
44. 口唇にうるおいを与える。
45. 口唇をすこやかにする。
46. 口唇を保護する。口唇の乾燥を防ぐ。
47. 口唇の乾燥によるかさつきを防ぐ。
48. 口唇をなめらかにする。
49. ムシ歯を防ぐ (使用時にブラッシングを行う歯みがき類)。
50. 歯を白くする (使用時にブラッシングを行う歯みがき類)。
51. 歯垢を除去する (使用時にブラッシングを行う歯みがき類)。
52. 口内を浄化する (歯みがき類)。
53. 口臭を防ぐ (歯みがき類)。
54. 歯のヤニをとる (使用時にブラッシングを行う歯みがき類)。
55. 歯石の沈着を防ぐ (使用時にブラッシングを行う歯みがき類)。
56. 乾燥による小ジワを目立たなくする。

注1) たとえば、「補い保つ」は「補う」あるいは「保つ」との効能でも可とする。
注2) 「皮膚」と「肌」の使い分けは可とする。
注3) ( ) 内は、効能には含めないが、使用形態から考慮して、限定するものである。
※ 56は平成23年に追加されたもの。「効能評価試験済み」のもののみ記載可能。

【1】この範囲表は、ここにある言葉をそっくりそのまま使えといっているわけではありません。**この範囲表を超えない言い換えは可能**だが、超える言い換えは不可だといっているのです。それゆえ、いかにして範囲表を超えない言い換えを表現するかライティングのテクニックが重要となります。
【2】**1つの一般化粧品で複数の効能を表現することも可能**です。メイク用化粧品だがスキンケア的効能をうたうということも可能です。
【3】化粧品は機能的な表現 (たとえば、シミが消える) はいえないのが原則ですが、この表で認められている機能的な表現 (たとえば、日やけによるシミの予防) はいえるし、この表で認められている機能的な表現と同等の表現もいえます (たとえば、「肌を柔らげる」は認められているので「肌に弾力をもてる」もOK)。

表2.〈薬用化粧品の効能・効果の範囲〉

種類	効能・効果
シャンプー	ふけ・かゆみを防ぐ。 **毛髪・頭皮の汚臭を防ぐ。** 毛髪・頭皮を清浄にする。 毛髪・頭皮をすこやかに保つ。 ┐ 毛髪・頭皮をしなやかにする。 ┘二者択一
リンス	ふけ・かゆみを防ぐ。 毛髪・頭皮の汚臭を防ぐ。 毛髪の水分・脂肪を補い保つ。 裂毛・切毛・枝毛を防ぐ。 毛髪・頭皮をすこやかに保つ。 ┐ 毛髪・頭皮をしなやかにする。 ┘二者択一
化粧水	**肌あれ、あれ性。** **あせも・しもやけ・ひび・あかぎれ・にきびを防ぐ。** 脂性肌。 カミソリ負けを防ぐ。 日やけによるしみ・そばかすを防ぐ。 日やけ・雪やけ後のほてり。 ※平成20年4月1日以降申請のものは「日やけ・雪やけ後のほてりを防ぐ」。 肌をひきしめる。肌を清浄にする。肌を整える。 皮膚をすこやかに保つ。皮膚にうるおいを与える。
クリーム、乳液、ハンドクリーム、化粧用油	**肌あれ、あれ性。** **あせも・しもやけ・ひび・あかぎれ・にきびを防ぐ。** 脂性肌。 カミソリ負けを防ぐ。 日やけによるしみ・そばかすを防ぐ。 日やけ・雪やけ後のほてり。※同上 肌をひきしめる。肌を清浄にする。肌を整える。 皮膚をすこやかに保つ。皮膚にうるおいを与える。 皮膚を保護する。皮膚の乾燥を防ぐ。
ひげそり用剤	カミソリ負けを防ぐ。 皮膚を保護し、ひげをそりやすくする。
日やけ止め剤	日やけ・雪やけによる**肌あれを防ぐ**。 日やけ・雪やけを防ぐ。 日やけによるしみ・そばかすを防ぐ。 皮膚を保護する。
パック	**肌あれ、あれ性。** にきびを防ぐ。 脂性肌。 日やけによるしみ・そばかすを防ぐ。 日やけ・雪やけ後のほてり。※同上 肌をなめらかにする。 皮膚を清浄にする。
薬用石けん（洗顔料を含む）	〈殺菌剤主剤のもの〉 **皮膚の清浄・殺菌・消毒。** **体臭・汚臭およびにきびを防ぐ。** 〈消炎剤主剤のもの〉 **皮膚の清浄、にきび、カミソリ負けおよび肌あれを防ぐ。**

注1）作用機序によっては「メラニンの生成を抑え、しみ・そばかすを防ぐ」も認められる。
注2）上記にかかわらず、化粧品の効能・効果の範囲（表1）のみを標榜するものは、医薬部外品としては認められない。

なお、薬用化粧品と一般化粧品の範囲はほとんど重なっており、**薬用化粧品独自のもの**としては次のようなものです。
【1】「**にきびを防ぐ**」が「化粧水」「クリーム、乳液、ハンドクリーム、化粧用油」「パック」に認められる。
【2】「**皮膚の殺菌・消毒**」が「薬用石けん」に認められる。
【3】「**体臭を防ぐ**」が「薬用石けん」に認められる。

検定POINT

表3.〈医薬部外品の効能・効果の範囲〉

種類	使用目的	おもな剤型	効能・効果
口内清涼剤	吐き気その他の不快感の防止を目的とする内服剤である。	丸剤、板状の剤型、トローチ剤、液剤。	溜飲、悪心・嘔吐、乗物酔い、二日酔い、口臭、胸つかえ、気分不快、暑気あたり。
腋臭防止剤	体臭の防止を目的とする外用剤である。	液剤、軟膏剤、エアゾール剤、散剤、チック様のもの。	**わきが（腋臭）、皮膚汗臭、制汗。**
てんか粉類止剤	あせも、ただれ等の防止を目的とする外用剤である。	外用散布剤。	あせも、おしめ（おむつ）かぶれ、ただれ、股ずれ、カミソリ負け。
育毛剤（養毛剤）	脱毛の防止および育毛を目的とする外用剤である。	液状、エアゾール剤。	**育毛、薄毛、かゆみ、脱毛の予防、毛生促進、発毛促進、ふけ、病後・産後の脱毛、養毛。**
除毛剤	除毛を目的とする外用剤である。	軟膏剤、エアゾール剤。	除毛。
染毛剤（脱色剤、脱染剤）	毛髪の染色、脱色または脱染を目的とする外用剤である。毛髪を単に物理的に染毛するものは医薬部外品には該当しない。	粉末状、打型状、液状、クリーム状の剤型、エアゾール剤。	染毛、脱色、脱染。
パーマネント・ウェーブ用剤	毛髪のウェーブ等を目的とする外用剤である。	液状、ねり状、クリーム状、粉末状、打型状の剤型、エアゾール剤。	毛髪にウェーブをもたせ、保つ。くせ毛、ちぢれ毛またはウェーブ毛髪をのばし、保つ。
衛生綿類	衛生上の用に供されることが目的とされている綿類（紙綿類を含む）である。	綿類、ガーゼ。	生理処理用品については生理処理用、清浄用綿類については、乳児の皮膚・口腔の清浄・清拭または授乳時の乳首・乳房の清浄・清拭、目、局部、肛門の清浄・清拭。
浴用剤	原則としてその使用法が浴槽中に投入して用いられる外用剤である（浴用石けんは外用剤には該当しない）。	散剤、顆粒剤、錠剤、軟カプセル剤、液剤。	**あせも、あれ性、うちき、肩のこり、くじき、神経痛、湿疹、しもやけ、痔、冷え性、腰痛、リウマチ、疲労回復、ひび、あかぎれ、産前産後の冷え性、にきび。**
薬用歯みがき類	化粧品としての使用目的を有する通常の歯みがきと類似の剤型の外用剤である。	ペースト状、液状、粉末状の剤型、固型、潤製。	**歯を白くする、口内を浄化する、口内を爽快にする、歯周炎（歯槽膿漏）の予防、歯肉（齦）炎の予防、歯石の沈着および進行の予防、口臭の防止、タバコのやに除去。**
忌避剤	はえ、蚊、のみ等の忌避を目的とする外用剤である。	液状、チック様、クリーム状の剤型。エアゾール剤。	蚊成虫、ブユ（ブヨ）、サシバエ、ノミ、イエダニ、トコジラミ（ナンキンムシ）等の忌避。
殺虫剤	はえ、蚊、のみ等の駆除または防止の目的を有するものである。	マット、線香、粉剤、液剤、エアゾール剤、ペースト状の剤型。	殺虫。はえ、蚊、のみ等の衛生害虫の駆除または防止。
殺そ剤	ねずみの駆除または防止の目的を有するものである。		殺そ。ねずみの駆除、殺滅または防止。
ソフトコンタクトレンズ用消毒剤	ソフトコンタクトレンズの消毒を目的とするものである。		ソフトコンタクトレンズの消毒。

3 化粧品の広告やPRのための表示ルール

表現や文言に細かい決まりがあります

化粧品はテレビCMを中心に、雑誌やイベントなど華やかな広告宣伝を行う業界として認識されています。とくに1970年代から1980年代にかけては季節ごとに大々的なキャンペーンを行っていました。

化粧品の広告を行う場合、薬事法も注意しなければなりませんが、ほかにも欠かせないものがあります。それは、**厚生労働省**が出している**「医薬品等適正広告基準」**、**消費者庁**が出している**「景品表示法」**など表示や広告での表現についての規制です。

薬事法や厚生労働省のガイドラインは、**化粧品などの製造と販売側から見たもので、景品表示法は消費者の購買と選択の視点から**の規制が定められています。消費者側から見て、よりよい商品やサービスをきちんと選ぶことができる環境を守るために、行きすぎた表現をしないように、法律として厳しく規制しているのです。どちらの立場の法律であっても、消費者にとって確かな商品選びができるように、という配慮は同じです。

具体例をあげると「しわがなくなります」「シミが消えます」などの劇的な変化を商品のキャッチコピーや説明文に入れることはNGです。「防ぐ」という効能しか認められていないものに「消える」という表現はできません。わずかな表現の違いですが、化粧品の広告・PRに携わる人は注意が必要です。

検定POINT 〈化粧品のPR表現で、とくに重要なもの〉

1. 美白・ホワイトニング

薬用化粧品の場合
① 「メラニンの生成を抑え、しみ・そばかすを防ぐ」という表現は OK。
② 「美白」や「ホワイトニング」とキャッチコピーを打ち
「メラニンの生成を抑え、日やけによるしみ・そばかすを防ぐ」という注をつければ OK。
③ 肌全体が白くなるような表現は NG。

一般化粧品の場合
メイクアップ効果により肌を白く見せる旨の表現は OK。
《美白ファンデーション》

2. 肌の疲れ

疲労回復的表現は NG。よって「疲れた肌に」なども NG。

3. しみ

一般化粧品であれ薬用化粧品であれ、しみについては「日やけによるしみ・そばかすを防ぐ」という効能・効果しか認められていません。**「日やけによる」を省いては NG** で「しみを防ぐ」と同じぐらいの大きさで書かなければいけません。
※ただし、薬用化粧品では、メラニンの生成を抑えることが薬用化粧品の許可の際に認められていれば、**「メラニンの生成を抑え、しみ・そばかすを防ぐ」**という表現も OK。

4. お肌の弱い方・低刺激性

① 「お肌の弱い方」という表現は NG(「アレルギー性肌の方」も NG)。
② 「低刺激性」「刺激が少ない」はキャッチフレーズに使わなければ OK。
「刺激がない」は NG。
③ 「敏感肌の方」は OK。

5.「奥まで浸透」といった表現

角層へ浸透する表現は OK ですが、それ以上深くへの浸透表現は NG。

6.「アンチエイジング」は不可

※日本化粧品工業連合会のルールは**「エイジングケア」は OK** としています。

4 化粧品の全成分表示

すべての成分を表示するのがルールです

　2001年4月、化粧品の規制緩和が実施され、企業の自己責任において化粧品が原則自由に製造・販売できるようになり、同時に情報公開の観点から、**化粧品の全成分表示が義務**づけられました。

　全成分表示とは、それまでのアレルギーを起こす可能性のある成分のみの表示を義務づけた旧表示指定成分とは異なり、**文字どおり化粧品に配合されているすべての成分を**、消費者にわかりやすい**邦文名で、配合量の多いものから順にパッケージに表示する**という意味です。混合原料については、混合されている成分ごとに記載しなければいけません。また、香料を着香剤として使用する場合は、各成分名ではなく「香料」として記載して差し支えありません。

　この全成分表示が義務づけられたことにより、万が一肌トラブルが起こった場合でも、全成分表示がされている容器や外箱を医者に持っていくことで原因物質が特定しやすくなり、適切な対応ができるようになりました。

> 検定POINT

一般的な表示順

表示順は配合量の多いものから、と決まっています。多くの化粧品の場合、基剤が一番多く配合されていて、最後に着色剤となります。

着色剤 ← 訴求成分 ← 乳化剤 ← 基剤

※全てのものに当てはまるわけではありません。配合比率は商品によって異なります。

1%以下の成分、および着色剤は順不同で記載OK！

配合が1%以下の成分と着色剤については、それらを順不同で表記できます。1%未満のものが多く含まれる商品の場合、消費者が好む成分を前に表記する、といったメーカーの意図が反映できます。これを知らず、前に書いてあるからたくさん配合されている、と思ってしまわないように気をつけましょう！

> 検定POINT

旧表示指定成分とは？

まれに**アレルギーなどの皮膚トラブルを起こす可能性のある成分102種と香料**を指定し、消費者がトラブルを回避できるようにしたもの。全成分表示が義務づけられたことにより、この区分は廃止されました。また、**2006年から医薬部外品の全成分表示が日本化粧品工業連合会の自主基準**となりました。

検定にも出ます！

コスメ TOPICS

オーガニック化粧品の基準はあるの？

オーガニックは直訳すると「有機の」という意味です。このことから、**日本では有機栽培でつくられた植物をひとつでも使った製品を、「オーガニック○○」とよぶことができます。**有機栽培というのは、化学肥料を使わず、遺伝子操作をせずにつくる農法で、認定基準は各国さまざま。日本の有機野菜認定の基準は、「過去2年間、農薬も化学肥料も未使用の土壌で栽培」「化学合成農薬や化学肥料は未使用」「遺伝子組み換え原料は未使用」などです。ちなみに、日本のオーガニック認定機関に農林水産省の有機JAS認定がありますが、これは「食品」に対しての認定で、化粧品のものではありません。つまり、**日本製のオーガニック化粧品は、統一の基準はまだありません。**

〈 欧米 〉
個々の団体で決めた化粧品基準
↓
ECOCERTなど

〈 日本 〉
食品には認定あり
↓
JASが認定

※ヨーロッパの認証団体など5団体が参加して2015年1月以降は新基準コスモス(COSMetics Organic and natural Standard)で認定を実施する予定。

コスメの素朴なギモン

全成分表示を見るだけで商品のことがわかるの？

たとえば、**同じミツロウでも精製度合いの高い超精製ミツロウもあれば、精製度合いが低く、不純物がわずかに含まれるミツロウもあります。**しかしながら、**表示はどちらもミツロウとなります。**したがって、全成分表示は必ずしも品質を保証するものではなく、内容成分を確認するための目安程度に考えておくのがよいでしょう。

5 化粧品の安全性を守るためのルール

皮膚に直接触れるものだから規制もいっぱい

　化粧品の『品質』とは、化粧品のもつ「性能や性質」のことです。『品質保証』とは、消費者が安心して買うことができ、それを使用して安心感、満足感をもち、しかも長く使用することができるという品質を保証することです。この**品質保証**を**製造物責任（PL：Product Liability）**といい、メーカーのエラーで生じた**消費者トラブルはメーカーが保証をすることが義務づけられています。**

検定POINT こんなルールがあります

PL法（製造物責任法）

化粧品においてのPL法は、製品の欠陥によって生命や財産に被害を被った場合に、**被害者は製造業者などに対して損害賠償を求める**ことができる法律です。ただし、化粧品は品質に問題がなくても、使用する人の体質や体調で皮膚トラブルが生じることがあり、その場合は、一概にPL法が適用されるとは限りません。

厚生労働省のガイドライン

平成12年　厚生省（現厚生労働省）が「化粧品基準」（告示第331号）と題して、化粧品への「防腐剤、紫外線吸収剤及びタール色素以外の成分の配合の禁止・配合の制限（以下、「ネガティブリスト」という。）」及び「防腐剤、紫外線吸収剤及びタール色素の配合の制限（以下、「ポジティブリスト」という。）」を定めるとともに、**基準の規定に違反しない成分については、企業責任のもとに安全性を確認し、選択した上で配合できる**こととした。

日本化粧品工業連合会のルール

昭和34年（1959）に設立された**日本化粧品工業連合会**では、消費者が安心して化粧品を使えるように、傘下企業への規制を行うとともに、「**化粧品の全成分表示記載のガイドライン**」「医薬部外品簡略名作成ガイドライン」など、さまざまな**自主基準**を設けています。

化粧品に求められる品質

化粧品に求められる品質特性には、以下のようなものがあります。

① 使用性

[魅力品質]

使用感、使いやすさ、見た感じ、嗜好性が好ましいこと

② 有用性

洗浄、保湿、収れん、保護、メイクアップなどの効用があること

③ 安全性

[必要品質]

皮膚刺激性、感作性、経口毒性、破損などがないこと

④ 安定性

変質、変色、変臭、微生物汚染がないこと

①の使用性品質と②の有用性品質は**「魅力品質」**ともいわれ、その化粧品だけがもつ品質特性として、ほかの商品にはないことをメーカーが訴求する特性でもあります。

また、③安全性品質と④安定性品質は**「必要品質」**ともいわれ、すべての化粧品が必ずもっていなければならない特性です。この品質が低いと商品トラブルにつながります。

| 検定POINT | 化粧品を安全に使うために |

化粧品は安全性や品質を一定に保つよう、薬事法などで厳しく規制されています。使用方法が適切でないと、期待した効果が得られないばかりかトラブルの原因になることも。必ず使用法や保管法など説明書で確認しましょう。

〈 保管法 〉

開封前、開封後ともに、**高温多湿、温度変化の激しい場所、直接日光の当たる場所を避けて保管する**ことが望ましいです。さらに、開封後は容器の口元をきれいにふきとり、きちんとキャップを閉めて保管するようにしましょう。

〈 使用期限 〉

未開封
3年

開封ずみ
1年以内

化粧品の使用期限に関する通達が、当時の厚生省から昭和55年(1980)に出され、期限を記載しなければならない化粧品を指定しています。**適切な条件下で3年以上**品質が安定している化粧品は使用期限表示の対象にはなりません。つまり使用期限が記載されていない場合は3年ということになります。しかし、一度開封してしまうと、空気中に浮遊する雑菌の混入や、二次汚染などにより品質が低下するため、**1年以内にできるだけ早く使いきることが望ましいのです。**※化粧品の有効期限は適切な保管条件下（日の当たらない、風通しのよい、涼しい場所）での目安なので、肌トラブルを起こさないためにも、化粧品を使うときは常に臭い、分離、沈殿、変色などを確かめるように心がけましょう。

安全に製造・使用するためのエアゾールの法規例

エアゾール製品はほかの化粧品と異なり高圧ガスを使用するため、高圧ガス保安法の規制を受けます。そのおもなものを次に示します。

① エアゾールの製造には、毒性ガス（経済産業大臣が定めるものを除く。）を使用しないこと。
※殺虫剤用に提供するものを除く。

② 人体に使用するエアゾール（告示で定めるものを除く）の噴射剤である**高圧ガスは可燃性ガスでないこと**。ただし、可燃性のガスの中ではLPG、DME及びこれらの混合物又は不燃ガスとの混合物についてのみ、使用が認められている。
※平成26年8月18日現在。平成26年9月以降、改正される可能性あり。

③ エアゾールの製造は、温度35℃において容器の内圧が0.8Mpa以下になり、かつ、エアゾールの容量が容器の内容積の90％以下になるようにすること。
※上記は液化ガスのことを表し、圧縮ガスの場合は1.0Mpa未満

④ エアゾールの充てんされた容器（内容積が30cm³を超えるものに限る。）の外面には、当該エアゾールを製造した者の名称又は記号、製造番号及び取扱いに必要な注意を明示すること。
※使用中噴射剤が噴出しない構造の容器にあっては、使用後当該噴射剤を当該容器から排出するときに必要な注意を含む。

〈 注意表示の例（ヘアスプレーなど）〉

火気と高温に注意（赤字に白地の文字）
高圧ガスを使用した可燃性の製品であり、危険なため、下記の注意を守ること。

1 炎や火気の近くで使用しないこと。

2 火気を使用している室内で大量に使用しないこと。

3 高温にすると破裂の危険があるため、直射日光の当たる所や、火気等の近くなど**温度が40℃以上となる所に置かないこと**。

4 火の中に入れないこと。

5 **使いきって捨てること。**
　使用するガスの種類にあっては赤色の文字で表示すること。

一例を示しますが、詳細は通商産業省告示第139号高圧ガス保安法施行令関係告示（平成9年3月24日付）に、ガス、容器、表示すべき事項等について記されています。

6 化粧品を安全に保つために

製品化までにいくつものチェックがあります

美しさを手に入れるために使用した化粧品によって、トラブルが起きてしまうのはとても残念なことです。皮膚に直接触れるものだからこそ、薬事法はもちろん、各化粧品メーカーも独自の基準を設け、製品化するまでに驚くほど多くのチェックをしています。

このチェックはモニターさんなどで行う場合もありますが、できるだけ多くの人数、さまざまなタイプの皮膚、状況下、使用回数などで行いたいため、メーカーの研究者や社員たちが多数協力しているといわれています。このような企業努力を経て、ようやく製品化にたどりつくのです。

こういう点をチェックします！

独自成分の安全性を保証するために、とくに原料レベルチェックすることの多い9項目をそれぞれ説明します。

1 急性毒性
誤飲・誤食した場合に急性毒性反応を起こす量や症状を予測する

2 皮膚一次刺激性
皮膚に単回数接触させることで生じる紅斑、浮腫、皮膚炎などが起こらないか確認

3 連続皮膚刺激性
皮膚に連続回数接触させることで生じる紅斑、浮腫、皮膚炎などが起こらないか確認

4 感作性
アレルギー反応が出る可能性があるか確認

5 光毒性
光によって皮膚刺激性を起こすかどうか確認

6 光感作性
光によってアレルギー反応が出る可能性があるかどうか確認

7 目刺激性
目に入れてしまったときの刺激についての確認

8 変異原性
細胞の核や遺伝子に影響をおよぼして変異を起こす可能性を確認

9 ヒトパッチ
皮膚炎、赤み、腫れ、ブツブツなどを起こさないか確認

ここでいうヒトパッチは個人が自分のアレルギー確認時に行うパッチテストとは意味合いが違います。

> **検定POINT**

ヒトによるチェックのしかた

化粧品の安全性は、ある程度結果を予測しながらも、最終的にはヒトにおけるさまざまな試験をして安全性を確認します。ただし、**すべてのヒトに反応が起こらないことを証明するものではありません。**

〈 パッチテスト 〉

開発された原料や製品で皮膚炎が起こらないことを確認するために、ヒトの前腕や背部で貼付試験を行う方法を「**パッチテスト**」といいます。一般的にパッチテスト用の絆創膏を用いて閉塞した状態で行います。揮発性が高い原料や製品は開放で行います。試験は貼付してから **24時間後**に、皮膚反応を肉眼で見て判定します。

〈 使用テスト 〉

化粧品の開発において想定される条件のもとで実際に**使用したときの影響を評価する方法**です。たとえば、日焼け止め製品では温度、湿度や紫外線などの環境条件の変化による影響や、発汗の影響をテストします。また、スキンケア製品では乾燥や脂質量などの肌の状態と反応性が検討されます。

〈 その他のテスト 〉

接触感作性や**ノンコメドジェニックテスト**（ニキビができにくい「ノンコメド処方」であるかを判定する試験）**スティンギングテスト**（感覚刺激テスト）なども行われます。

＊動物試験代替法　安全性を確認するために、従来動物試験が利用されてきましたが、現在では種々の代替試験法が国内外で数多く実施されています。その一部については結果が公表され、さらにはその結果に基づきガイドライン案も作成されつつあります。

7 化粧品と肌トラブル

肌あれを未然に防ぐ

　肌を美しく整えるために使っている化粧品も、使い方を間違えると健康な肌の人でも赤くなる、ほてる、かゆみが出る、ぶつぶつが出る、といった肌トラブルが起こることがあります。

　たとえば、洗浄力の強い化粧石けんで洗顔した際に肌に残った石けん成分や、洗髪時のシャンプー液やリンス液のすすぎが不十分だった場合などに、成分が顔や首の皮膚に作用して、かぶれを引き起こすことがあります。このひとつの原因として、化粧品が肌に合わないということも考えられます。

　化粧品の注意書きには必ず「お肌に合わない場合は使用をおやめください」と添えられていますので、肌トラブルが重症化する前にすぐに中止しましょう。また、不安なときには使用前に化粧品との相性を調べる方法もあるので、知っておくとよいでしょう。

　このかぶれ＝肌あれといわれる状態は、普通の湿疹やアトピー性皮膚炎なども考えられるので、自己判断は禁物です。何が原因かつきとめ、その原因に近づかないようにするのが重要です。**もし思いあたることがあれば使用をいったん中止し、病院に診断してもらうようにしましょう。**

検定POINT 〈「肌に合わない！」サインが出たら〉

- 赤み
- かゆみ
- 腫れ
- ほてり
- 痛み
- ぶつぶつ

↓

ただちに使用中止

↓

医療機関を受診しましょう

検定POINT かぶれたと思ったら？

肌が突然赤くなった、ひりひりする、などのサインが出たら、その原因を特定することが大切です。原因がわかったら自分から避けることが可能になり、悪化を防げます。

原因① 肌が何かしらに触れた刺激によるもの

刺激の強いものに触れると誰でも起こる可能性があります。
体調や季節の影響で、肌のバリア機能が低下していると敏感になることも。

アルコールが触れると肌がピリピリ、赤くなる、
いつもの化粧水が突然ひりついたなど。

原因② 体質からくるアレルギーによるもの

肌の状態に関係なく、特定の成分に反応が起きてしまうもの。
身体のどの部分でも反応が起こります。

小麦、乳、そば、卵、落花生などの食物アレルギー、花粉、大気汚染、化学物質、金属、ハウスダストなど人によりさまざまな原因物質が考えられます。

例：『茶のしずく』石けんによる小麦タンパクアレルギー事件

2009年ごろから、配合されている加水分解コムギ末がアレルギーを引き起こすと注意喚起されたものの、2011年まで回収されず、被害者の多さからも大問題になりました。石けんの使用者が小麦が含まれたものを食べて運動すると、アナフィラキシーを発症するのが特徴。食物依存性運動誘発性アレルギーといわれるものです。食品由来の小麦アレルギーと異なり，眼瞼浮腫，顔面浮腫などの症状が特徴的に現れている症例が多く認められています。

"かぶれ"とは？

「皮膚がかぶれた」という場合の代表的な病名としては、接触皮膚炎を指すことが一般的です。接触皮膚炎は、ほかの人にはとくに悪影響はない化粧品、衣類、装身具その他、特定のものが皮膚に触れるだけで、一種のアレルギー性の炎症（皮膚炎）を起こし、肌がかぶれてしまうものです。接触皮膚炎を起こす人は、アレルギー性の体質をもっていて、皮膚がとてもデリケートで敏感なことが多いようです。

〈 かぶれの部位から考えられる製品 〉

顔全体	化粧水、乳液、ファンデーション、石けん、クレンジング、日焼け止めなど
目の周り	アイシャドウ、アイライナー、アイクリーム、目薬など
口唇	口紅、リップクリーム、歯磨き粉、マニキュア（爪を噛む人）など
頭・首	染毛剤、パーマ液、シャンプー、リンス、ヘアスタイリング剤、アクセサリーなど

〈 かぶれ、アレルギーを起こしやすい成分 〉

化粧品でアレルギーの原因となりやすい成分は、旧表示指定成分や香料などです。2001年に全成分表示に法改正がされる以前には、旧厚生省が102のアレルギーや、接触刺激、発ガン性等を引き起こす可能性がある成分の表示を義務づけていました。それが「旧表示指定成分」とよばれるものです。全成分表示となった現在では、逆に「旧表示指定成分」を別記せず、すべてこの成分と一緒に表示されるので、改めて成分を知っておけば、日常生活で注意することができるでしょう。220ページの表にまとめてありますので、チェックしてください。

じつは汚い！ パフやブラシたち

化粧用のパフ、ブラシなどが肌あれの原因になっていることも考えられます。これらは目に見えない汚れやほこり、雑菌が付着していて汚く、肌のトラブルを起こす可能性もあります。とくに敏感肌の人は、化粧用のパフ、ブラシなどを使うのなら、毎回きれいに洗浄して使用することが必要です。パフやブラシの代わりに使い捨てのコットンなどを使う人は、買い置きの古いものよりは、常に新しい滅菌済みの清浄綿を使うことをおすすめします。

〈 肌トラブルでよくある質問 〉

Q. ずっと愛用している化粧品なのに、急に、ピリピリと肌に刺激を感じるようになりました。

A. 空気の乾燥はもちろん、ダイエットや寝不足などによる体調の変化、ホルモンバランスの変化、年齢などによって、肌の保護機能が低下することがあります。そのため、以前は問題なく使用できた化粧品が、次に使ったときにピリピリとした刺激を感じたり、つっぱったりして、肌に合わないと感じることがあります。しばらくして肌の調子がよくなってからもう一度使用してみて、それでも肌に合わないと感じたときは、その化粧品の使用を中止しましょう。

Q. ある化粧品でかぶれてしまい、症状が治まってから今まで使って大丈夫だった化粧品にもどしたのに、かぶれが起こりました。

A. この場合のかぶれは、その化粧品に配合されている特定の成分に対するアレルギー反応ではないかと考えられます。アレルギー反応はある日突然起きることが多く、一度反応が起きてしまうと、原因となった成分に対するアレルギーは基本的に一生つづきます。以前使っていた化粧品を今回使ったときにかぶれてしまったのは、その化粧品にもアレルギー反応の原因となった成分が入っていたからでしょう。かぶれの症状がおさまったら、次は、敏感肌用化粧品の使用を検討してはいかがでしょう？　まずは、サンプルなどで試すことから始めてください。

〈 化粧品による肌トラブルを未然に防ぐには？ 〉

パッチテストをする

敏感肌（アレルギー肌）の人はとくに、自分が使っている化粧品でアレルギーが出て疑わしいもの、あるいはこれから初めて使おうとしている化粧品については、パッチテストをすると安心です。パッチテストとは、その化粧品に対して自分の肌がかぶれを起こすかどうか、上腕の内側（皮膚のやわらかいところに）実物を使ってみて、48時間後にその反応を見るテストです。

＊このパッチテストは化粧品の開発途中に行うパッチテストと目的が異なります。

アレルギーテスト済み化粧品を使う

・パッチテスト済み
・アレルギーテスト済み
※すべての方にアレルギーが起こらないわけではありません。

化粧品の容器にこのような表示があるものは、化粧品メーカーがアレルギーテストを行ったことを表しています。アレルギーテストではヒト被験者にパッチを一定期間くり返し貼付し、休止期間後に再度パッチを貼りアレルギー誘発性や刺激性を見るテストです。化粧品を購入する際のひとつの目安になります。

アトピー性皮膚炎

アトピー性皮膚炎は、アトピー性の体質の人がなる代表的なアレルギー性の皮膚炎です。アトピーの場合は、**外から来るアレルギーのもとになる物質（抗原）**に対して、**体内に IgE 抗体という抗体**がつくられるのが特徴です。皮膚に激しいかゆみを伴う発疹ができ、長い年月なかなか治りません。ときには症状が軽くなったり、一時的に治ったりすることがありますが、また再発することが多いのも特徴です。こうして、軽快、治癒、再発を繰り返し、慢性化する傾向があります。気管支ぜんそくを併発することも少なくありません。アトピー性の体質の人は、現在の症状が軽くなっていても、化粧品、その他によって簡単にかぶれ（接触皮膚炎）を起こし、アトピー性皮膚炎も悪化することが多いので、よほど注意が必要です。

8 五感を使って的確に判断 化粧品の官能評価

ふだん化粧品を選ぶとき、使用目的に合った配合成分など中身は最低限知りたいポイントです。けれども実際はそれだけでなく、塗り心地や、香り、見た目など、使って心地よいかどうかなど**感覚的な部分が、購入動機や長く愛用されるリピート動機に大いに関係する**ものです。

ここでは化粧品メーカーで行われている「官能評価」についてご紹介します。この表現方法を知っていれば、使う化粧品の評価だけでなく、化粧品の開発や生産、お客さまと対面して商品の説明をする販売の仕事にも大きな助けとなるでしょう。化粧品の官能評価は、化粧品に対するターゲットやブランドコンセプト、効果を最大限にお客さまに伝える手段ともいえるのです。

官能評価ってなに？

人の五感によって
（視覚、聴覚、嗅覚、味覚、触覚：体性感覚）
事物を評価すること、
およびその方法

【日本工業規格 JISZ8144】

⬇

化粧品においては、
その使用感や見た目などを
客観的で、普遍的な評価を
他人と共有できるような
言葉で表現すること

> **検定 POINT**
>
> ## 官能評価で必要な感覚とその対象

視覚 ➡ クリームと口紅の赤み、アイシャドウやファンデーションの色、パッケージの見た目など

聴覚 ➡ コンパクトを開閉するときの音など

嗅覚 ➡ 化粧水のにおいや香水、整髪料の香りなど

味覚 ➡ 口紅やリップの味、クレンジングや化粧水の苦み

触覚 ➡ 化粧水の浸透感やクリーム・乳液のべとつき、容器の使いやすさ

　上にあげた例のように、**官能評価の対象**となるのは、化粧品の中身はもちろんのこと**パッケージや音にまで、及びます。**
　化粧品メーカーでその評価をするのが、専門のトレーニングを積んだ感覚の鋭いスペシャリストたちです。個人的な嗜好に左右されることなく、鍛えられた五感をフルに活用して、日々つくりだされるたくさんの製品を精査しているのです。

人の五感を使った官能評価が必要なわけ

人の五感を使ったものよりも、機械の測定のほうが正確なのでは？という素朴な疑問が出てきた方もいるかもしれません。
機械は硬さや発色などは正確に測れますが、「総合的に美しさや満足度などを判断することができない」という特性があります。
たとえば口紅を商品化するプロセスの中で、商品自体の色については、「測色計」という機器で測定できますが、塗布したときの発色や使い心地については官能評価が重要です。
企業として多くの消費者が満足度の高い商品づくりをするためには、**「機械」＋「人」の判断**、のどちらの特性も生かしながら、たくさんの人に受け入れられる商品づくりをすることが必要なのです。

化粧品メーカーで官能評価が必要な
タイミングとしては以下のものがあります

商品を開発する段階
開発中の容器、サンプルを評価し改良するとき

↓

商品を工場でつくる段階
開発で最終決定したサンプルと同じものが生産できているかどうか確認するとき

↓

商品をお客さまに伝える段階
お客さまに商品を説明するとき

検定 POINT

使う人の立場にたって、製品の評価をする官能評価。より客観的に行うためには、ある一定に保たれた環境づくりが必要です。人間の五感に頼っているため、その感覚の特性に合わせた基準が設けられています。

嗅覚

嗅覚はそもそも疲労しやすい感覚のため、一度にたくさんの製品を検査することは避けられています。

視覚

リップの微妙な赤みの違いや、アイシャドウやファンデーションの色を評価するときには、一定の明るさ、輝度を保つ環境が必要。自然光がもっとも忠実に色を表現できますが、室内で評価する場合、蛍光灯のもとが望ましいです。

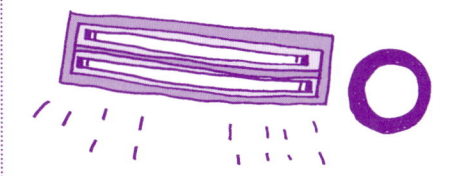

評価するときの「用語」

「わずかに」「やや」「とても」など、尺度や強度、程度を表すために使われる用語も、評価結果に大きく影響します。より具体的に、共有できる用語で表現することが必要です。

触覚

クリームや乳液、ジェル、リップなどは温度によって、状態が大きく変化してしまうため、触感を評価するためには、温度管理が重要になります。

また、化粧品などのメーカーで販売に携わる人たちは、自社ブランドの商品を使って評価してみると、より一層お客さまに共感してもらえるような提案ができるようになるでしょう。

〈 例1. 口紅 〉

口紅の色彩管理には、**測色計**とよばれる色を測れる機器でとった値を規格値としています。また、それと同時に人による官能評価も取り入れています。なぜなら、口紅の性質は必ずしも均一ではなく、パール剤等の配合により塗ったときの色にムラが生じたり、ツヤ・光沢があるために、**機械による平均化された値だけでは、大量生産時に均一な品質、色合いなどを保ちにくい**ことなどがその理由です

★官能評価をする際は、項目は使用順に合わせること。そして、その項目を五感をフルに活用して評価する。たとえばリップなら、
1.ふたを開ける→2.外観を見る。→3.つき→4.のび、なめらかさ→5.発色、外観色との差→6.パール感→7.カバーカ→8.べたつき→9.味→10.ツヤ、しわの目立ち→11.しっとり感(塗布時、経時)→12.化粧もち(にじみなど)→13.におい(強さ、好み)→14.高級感、上質感→15.満足度、ふさわしさ(価格やブランドとしての判断)→16.総合評価

〈 口紅の評価項目 〉

区分	項目		
視覚評価	・唇へのつき ・唇へのつきの均一性 ・のび(抵抗感) ・発色	・外観色との差 ・カバーカ(隠ぺい力) ・ツヤ感 ・光沢感	・化粧もち ・高級感 ・上質感
触覚評価	・硬さ ・密着感 ・しっとり感 ・べたつき ・なじみ	・塗りやすさ ・リップブラシとの相性 ・他メイク製品との相性(リップライナー・	・リップグロスなど) ・クレンジングのしやすさ
嗅覚評価	香りの強さ	香りの質	香りの好み
総合評価	個人の嗜好性とブランドとしての価値をはかるもの (消費者調査やブランド調査に使用) 好き ←――――→ 嫌い ふさわしい ←――――→ ふさわしくない 満足 ←――――→ 不満足		

9 官能評価の実施例

実際の評価をシミュレーションメーカーで行われているような評価の実例を具体的にあげてみました。どのようなポイントで評価をしているのでしょうか。

208

〈 例2. ファンデーション 〉

「肌色」とよばれる狭い色の範囲の中で、1製品中4〜10色の色違いがつくられている製品。そのわずかな色の違いを見極める必要があるため、とても難しいサンプルです。実際に使用して官能評価を行うときには、さらに、評価が難しくなる要因があります。それは評価する人の肌へ塗る技術的なことと、どのアイテムを使うか、といったことが影響してしまうからです。

たとえば、パフなどの道具を使用する場合には、その製品のよし悪しや、実際に使うときは化粧下地を使うため、下地とファンデーションの相性も問題になります。こういったファンデーションと**あわせて使うものについて、評価に適したものをあらかじめ選定しておく**必要が出てくるのです。

また、ファンデーションは製品そのものの色・ツヤだけでなく、塗ったあとの質感や、塗りやすさ、塗るときの感触なども重要なので、官能評価を行う際にはこれらを**多角的に評価する**必要があります。

〈 パウダーファンデーションの評価項目 〉

視覚評価	・色(色相・明度・彩度) ・スポンジへのとれ ・粉の飛散度合い ・肌へのつき ・粉の細かさ	・塗布膜の色 ・ツヤ感 ・光沢感 ・カバー力 　(隠ぺい力)	・凹凸補整効果 ・ソフトフォーカス効果 ・塗布膜の均一性 ・自然さ	・立体感 ・透明感 ・化粧もち
触覚評価	・表面の硬さ ・のび広がり ・なめらかさ ・すべすべ感 ・さらさら感 ・とまり	・きしみ ・なじみ ・軽さ ・粉の硬さ ・湿潤感 ・エモリエント感	・塗布膜のハリ感 ・塗布膜の柔軟性 ・塗布しやすさ ・高級感 ・上質感 ・下地との相性	・スポンジとの相性 ・他メイク製品との相性	
嗅覚評価	香りの強さ　　香りの質　　香りの好み			
総合評価	個人の嗜好性とブランドとしての価値をはかるもの 好き ←―――――――→ 嫌い ふさわしい ←―――――――→ ふさわしくない 満足 ←―――――――→ 不満足			

索引

※おもな化粧品成分は216ページをごらんください。

あ

- IgE抗体 203
- アイシャドウ 63、134
- アイブロウ 130
- アイライン（アイライナー） 64、130
- 青くま（血行不良型） 54、55
- 赤ら顔 49、71、160

- アクネ菌 45、46
- アクリルネイル 153
- アスコルビン酸 219
- 圧搾法 159
- アトピー性皮膚炎 203
- アフターサン化粧品 119
- アポクリン腺 17、24
- アルブチン 50、51
- アレルギー 191、192、198、201〜203
- アロマオイル 78
- アンチセルライト料 143
- 育毛剤、育毛料 149
- 一般食品（健康食品） 179
- 医薬部外品 46、51、185、189
- 入れ歯洗浄剤 175
- W/O型 90、97、103、111、119、122

- SPF 39
- エクリン腺 17、24
- 液体石けん 137
- 栄養バランス（栄養） 32、178、179
- 栄養機能食品 179
- AHA 45、49、53
- 運動（不足） 82、180
- 薄毛 146、147
- ウコン 180

- NMF 19、20、44、102、104
- 枝毛（切れ毛） 147、180
- エラグ酸 50、51
- エラスチン線維 17、22、23、36、56
- 炎症後色素沈着 47、52
- O/W型 97、103、111、119、122、123
- 黄体ホルモン（プロゲステロン） 34、35

- オーガニック化粧品 193
- オーバル（爪の形） 154
- お歯黒 86〜89

か

- 角層 19
- 過酸化脂質（肌のさび） 31、123
- 肩コリ 76、180
- 活性酸素 31、36
- カットフォーム 154
- カフェイン 81、180
- カプサイシン 180
- かぶれ 200〜203
- カモミラET 50、51
- カラーポリッシュ 152、154
- 界面活性剤 97、98、103〜106、137

- 顆粒層 19、20

さくいん

- 加齢　32、54
- 乾式製法　125
- 関節の痛み　180
- 汗腺　24、27
- 乾燥（肌）　30、40、41、43、44、56
- 肝臓機能低下防止　180
- 官能評価　204
- 肝斑　52
- 顔料　117
- 機械練り法　100、107
- 基質　23
- 基底膜　21
- 基底層　19
- 季節と肌　42
- 気分転換　180
- 基本成分　102

- 起毛筋（立毛筋）　24、48
- 嗅覚　158
- キューティクル（毛小皮）　144
- キューティクルオイル　152
- キューティクルクリーム　152
- キューティクルリムーバー　152
- 切れ毛　147
- 筋肉　74
- くすみ　53、160、180
- 薬　178
- くせ毛　77
- 口紅　127
- くま　54、55、71
- グラデーション　155
- クリーム　109
- クリームの作り方　110

- グルコサミン　180
- クレオパトラ　86
- クレンジング　103
- 黒くま（たるみ型）　54、55
- 香水　165
- 毛穴　48、68、160
- ケーキタイプファンデーション　90
- 化粧水　108
- 化粧下地　120
- 化粧品　184
- 化粧品の安全性　194
- 化粧品の原料　95
- 化粧品の使用期限　196
- 化粧品の全成分表示　192
- 化粧品の品質　195
- 化粧品の保管法　196
- 化粧品の歴史　86

- 血圧　180
- 血行促進　86
- けん化法　103
- 口臭　173
- 香水　165
- 合成香料　165
- 酵素系入浴料　141
- 酵素チロシナーゼ　165
- 光毒性　184
- コエンザイムQ10　20、27、50、51、180
- ゴールデンプロポーション　61
- 固形石けん　137
- コットン　109
- ゴマージュ（スクラブ）　113
- コラーゲン線維　23、56、102、180
- コルテックス（毛皮質）　162、144

さ

- コレステロール　180
- 混合肌　40、41、43
- コンシーラー　69〜71
- コントロールカラー　71、120
- コンパクト　91、205
- 細胞の活性化　180
- ささくれ　151
- サプリメント　178、179
- 酸化　31
- 酸化防止剤　99
- サンケア指数　39
- サンタン　37
- サンタン化粧品　119
- サンバーン　37

- シェーディング　180
- シェブロン（ネイルアート）　155
- 食欲不振　61
- 植物性香料　—
- ジェル　111
- 紫外線　27、31、36〜39、118
- 紫外線A波（UV-A）　36、37、119
- 紫外線吸収剤　118
- 紫外線散乱剤　118
- 紫外線C波（UV-C）　36
- 紫外線B波（UV-B）　36、37
- 歯垢　173
- 脂性肌　40、41、43
- 湿式製法　125
- 脂肪細胞　143
- シミ　31、37、50〜52、70、160、180
- 雀卵斑（そばかす）　52
- 使用テスト　199

- ステイン　158〜164
- ストレス　180
- ストレッチ　34、35、52
- スペシャルケア　142
- 生活紫外線　83
- 成長ホルモン　77、147
- 精油　30、56、160
- 生理　33
- 清涼系入浴料　16、22、23
- 石けん　159
- 水蒸気蒸留法　180
- 睡眠（不足）　78
- 接触皮膚炎　202
- セラミド　95
- スキンケア系入浴料　141
- スキンケア化粧品　102
- スクエア（爪の形）　154
- スクエア・オフ（爪の形）　154
- 洗顔　104
- 線維芽細胞　23
- セルライト　160
- セルフタンニング化粧品　143、119
- セラミド　102
- 接触皮膚炎　44、202
- 石けん　88、106、107
- 清涼系入浴料　141
- 生理　35
- 精油　158、164
- 成長ホルモン　34、79
- 生活紫外線　37
- スペシャルケア　112
- ストレッチ　33、146
- ストレス　180
- ステイン　173

た

語	ページ
ソークオフジェル	153
爪白斑	151
爪周囲炎	151
染料	100、134
洗浄料	137
洗口剤	174
洗顔料	105
ターンオーバー	25
ダイエット	160、180
代謝不調	32
体臭	139
帯状毛穴（たるみ型）	49
タウリン	180
脱毛	142、145
脱毛料	142
たるみ	56、160
男性肌	114
男性ホルモン	114
たんぱく質	22、23、80、149
チーク	66、128
着色剤（着色）	100、117
茶くま（色素沈着型）	55
中和法	107
調合香料	165
詰まり毛穴（角質肥厚型）	49
爪の構造と機能	150
爪の縦溝・横溝	151
DHA	180
天然香料	159
でんぷん白粉	87

な

語	ページ
頭皮	77、144
動物試験代替法	199
動物性香料	158、164
動脈硬化防止	114
特定保健用食品（トクホ）	179
トップコート	152
トップノート	166
トラネキサム酸	50、51
内分泌系	33
ニキビ	45～47、69、160
ニキビ跡	47
ニキビ予防	46
ニキビ予防化粧品	46
二枚爪	151

は

語	ページ
乳液	109
乳化	110
乳頭層	22
入浴（料）	83、140、141
寝だめ	79
ネッスルウェーブ	90
脳	158
ノンコメドジェニック化粧品	46、199
ノンシリコン	148
ノンレム睡眠	79
歯	172
ハードジェル	153
ハイライト	61

- パサつき（毛髪） 147、160
- 肌あれ 42、180、200
- パック（マスク） 112
- パッチテスト 199、203
- 発毛促進効果 77、149
- 歯のマニキュア 175
- パフ 60、202
- 歯磨き剤 174
- パラベン 99
- バリア機能 20
- パンダ目 70
- パントテン酸 180
- PA 39
- BBクリーム 123
- ピーリング 45、49、53、113
- 冷え（性） 76、160

- 美肌 78
- ビタミンB6 180
- ビタミンB2 180
- ビタミンB12 180
- ビタミンB群 180
- ビタミンB1 180
- ビタミンC誘導体 50、51、55
- ビタミンC 49、80、180
- ビタミンA 49、80、180
- ビタミンE 55、180
- 皮脂腺 24、144
- ヒゲそり用化粧品 115
- 皮下組織 16
- 皮下脂肪結合組織 143
- 皮下脂肪 143
- 日傘 37

- ブラシ 60、122
- 普通肌 40、41
- フケ 60、147
- フェイスパウダー 124
- ブースター 112
- ファンデーション 59、121
- 敏感肌（アレルギー肌） 203
- 疲労（回復） 33、180
- 開き毛穴（皮脂過剰型） 49
- 表皮 16、19、20
- 表情筋 74
- 美容液 111
- ビューラー 65
- 日焼け止め 39、42、118、119
- ビフィズス菌 180
- 皮膚の付属器官 24

- ボディマッサージ料 143
- ボディパック料 143
- ボディ化粧料 136
- 保健機能食品 179
- 防腐剤 99
- 防臭化粧品 138、139
- 便秘 180
- ヘチマコロン 90
- pH 106
- ベースメイク 58、120
- ベースコート 152
- ヘアスタイリング料 149
- ヘアケア化粧品 148
- フレンチ（ネイルアート） 155
- フリーラジカル 31
- プラセンタエキス 50、51

ま

- ポリッシュリムーバー 152
- ポリフェノール 180
- ホルモン 34、35
- 虫歯 180
- 無酸素運動 152
- 無香料 167
- 無香 167
- むくみ 180
- 無機塩類系入浴料 140
- ミネラルファンデーション 123
- ミドルノート 166
- 眉 134
- まつ毛 113
- マスカラ 65、132、147
- マーブル 65、132、155

- メデューラ（毛髄質）144
- 目の疲れ 173
- メラニン（色素）20、27、50、51
- メラノサイト（色素形成細胞）20、37、50、51
- 免疫系 33
- 毛幹 24、144
- 毛孔 18、144
- 毛根 24、144
- 毛周期（ヘアサイクル）24、145
- 網状層 22
- 毛乳頭 144
- 毛包 144
- 毛母細胞 144

や

- 薬事法 184
- 薬用化粧品 185
- 薬用植物系入浴料 141
- 有棘層 51、180
- 有効成分 82、102
- 有酸素運動 82
- UVケア化粧剤 118
- UVカット剤 118
- 油脂吸着法 159
- 油性成分 87、217
- 楊貴妃 159
- 溶剤抽出法 180
- 腰痛 51
- 4MSK 50、51

ら

- ラウンド（爪の形）154
- ラストノート 166
- 卵胞ホルモン（エストロゲン）34、35
- リンパ 127
- ルシノール 74～76
- リップグロス 50、51
- レジャー紫外線 37
- レム睡眠 79
- 老人性色素斑 52
- ローヤルゼリー 180
- 枠練り法 107

参考資料・おもな化粧品成分

この本に掲載されている化粧品のおもな成分をわかりやすく表にまとめました。成分名だけでなく、配合目的や成分の由来もくわしく記載してありますので、わからない成分が出てきたら、この表を見て確認してみましょう。

〈 水溶性成分表 〉

分類		表示名称	慣用名または別名	配合目的	由来
水溶性基剤	水	水		基剤。皮膚をしっとりさせ、やわらかくさせる	精製
	エタノール	エタノール	エチルアルコール、アルコール	清涼剤。抗菌剤。さっぱり、すっきりとした使用感	合成、発酵
	保湿剤	BG	1,3-ブチレングリコール	保湿。抗菌性。しっとりとした使用感	合成
		グリセリン		保湿。高い保湿性があり、しっとりとした使用感	植物
		カルボマー		保湿。増粘剤。乳化の安定化や感触調整剤	合成

〈 保湿剤・エモリエント剤 〉

分類		表示名称	慣用名または別名	配合目的	由来
乾燥対策	保湿剤	乳酸Na	乳酸ソーダ	保湿。NMF(※)中に存在する天然保湿成分。高い保湿性	発酵
		PCA-Na		保湿。NMF中に存在する天然保湿成分。高い保湿性	植物
		ヒアルロン酸Na	ヒアルロン酸	保湿。環境湿度が変化してもほぼ一定の保湿性を示す。感触調整剤	鳥類(ニワトリのトサカ)、微生物
		アセチルヒアルロン酸Na	スーパーヒアルロン酸	保湿。しっとり感、滑らかさのある保護膜を形成する	鳥類、微生物(合成)
		コンドロイチン硫酸Na		保湿。のびがよく滑らか。感触調整剤	魚類
		グルタミン酸Na	アミノ酸	保湿	植物
		セリン	アミノ酸	保湿。NMF中に存在する天然保湿成分	植物(絹)
		ポリグルタミン酸		保湿。NMFに近い成分	植物(納豆・サトウキビなど)
		トレハロース		保湿剤	植物
		ホエイ		保湿剤。賦活作用。角層代謝促進作用	微生物
		ベタイン	TMG		合成
		セリン		保湿剤	合成
	エモリエント剤	コメヌカスフィンゴ糖脂質	セラミド	保湿。細胞間脂質の主成分	植物(米ぬか)
		ユズセラミド			植物(ユズ)
		セラミド1、セラミド2、セラミド3 など			合成
		コレステロール	コレステリン	エモリエント剤。抱水性と閉塞性に優れる。界面活性剤	動物(ラノリン)、魚類
		スフィンゴ脂質		エモリエント剤。角層水分を増加。皮膚刺激緩和作用	合成、植物
		セレブロシド		エモリエント剤	動物

※ NMF : natural moisturizing factor 天然保湿因子。アミノ酸などの水溶性の物質で、皮膚の角層の水分を保つ働きをしています。

〈 油性成分表 〉

分類		表示名称	慣用名または別名	配合目的	由来
油性基剤	炭化水素	スクワラン	スクワラン、オリーブスクワラン	基剤。肌になじみやすくクリームや乳液に古くから使用	植物、魚類（鮫肝油）、合成
		ミネラルオイル	流動パラフィン、鉱物油	基剤。さらっとした感触からクリームや乳液に使用	石油
		パラフィン	パラフィン	固化剤。クリームや口紅の剤型を形成	石油
		ワセリン	ワセリン、白色ワセリン	半固化剤。皮膚表面から水分蒸散を防ぐ作用	石油
	高級アルコール	セタノール	セチルアルコール	乳化安定助剤。固化剤。クリーム乳液に使用	植物、動物（牛脂）
		ステアリルアルコール			植物、動物（牛脂）
		セテアリルアルコール	セトステアリルアルコール		植物、動物（牛脂）
		イソステアリルアルコール		乳化安定助剤。クリーム乳液に使用	合成
	高級脂肪酸	ラウリン酸		固化剤。乳化剤（アルカリ成分と共存で）。クリームの硬さや洗顔料の泡立ちや光沢をだす効果	植物、動物（牛脂）
		ミリスチン酸			植物、動物（牛脂）
		パルミチン酸			植物、動物（牛脂）
		ステアリン酸			植物、動物（牛脂）
		イソステアリン酸			植物、動物（牛脂）
	油脂	オリーブ油	オリブ油	エモリエント剤。マッサージオイルやクリームに使用	植物
		ツバキ油		エモリエント剤。毛髪用油として使用	植物
		ヒマシ油		口紅やマニキュアの可塑剤。ポマードに配合。石けん原料	植物
		マカデミアナッツ油		エモリエント剤。皮脂に近い感触のよい油	植物
		カカオ脂		エモリエント剤。肌の柔軟効果	植物
		シア脂	カリテバター	エモリエント剤。使用性調整剤。低粘度で潤滑性に優れる	植物
	ロウ類（ワックス）	カルナウバロウ		固化剤。脱毛ワックスなど固い製品に応用される	植物
		キャンデリラロウ	カンデリラロウ	固化剤。温度安定性向上剤。光沢剤	植物
		ホホバ油	液体ロウ	エモリエント剤。肌へのなじみがよく、使用感触もよい	植物
		ミツロウ	ビースワックス	固化剤。以前はホウ砂と併用して乳化剤としていた	植物
		ラノリン	羊毛脂	エモリエント剤。肌への粘着性がよい。抱水力に優れる	動物（羊の皮脂分泌物）
	エステル油	エチルヘキサン酸セチル		エモリエント剤。粘度が低くさっぱり感のある油	合成
		トリ（カプリル酸／カプリン酸）グリセル		エモリエント剤。皮脂に近い感触のよい油	合成
		ミリスチン酸イソプロピル		エモリエント剤。ロウと非極性油の混和剤	合成
		リンゴ酸ジイソステアリル		極性と非極性油混和剤。高粘度であるが、ベタつかない	合成
	シリコーン油	シクロペンタシロキサン	環状シリコン（五量体）	感触改良剤。揮発性でベタつきを防止	合成
		ジメチコン		消泡剤。揮発性に優れる。毛髪のスタイリング剤	合成
		トリメチルシロキシケイ酸	シリコーンレジン	感触改良剤。揮発性が高く、耐洗浄性・持続性が優れる	合成

※慣用名、別名のないものは空欄にしています。

〈 紫外線防止（カット剤）〉

分類	表示名称	慣用名または別名	配合目的	由来
紫外線吸収剤	オキシベンゾン-4	ベンゾフェノン誘導体	紫外線吸収	合成
	オキシベンゾン-9	ベンゾフェノン誘導体	紫外線吸収	合成
	サリチル酸オクチル		紫外線吸収	合成
	ホモサレート	サリチル酸誘導体	紫外線吸収	合成
	メトキシケイヒ酸オクチル		紫外線吸収	合成
	オクトクリレン		UVB吸収	合成
	ポリシリコン-15		UVB吸収	合成
	ジエチルアミノヒドロキシベンゾイル安息香酸ヘキシル		UVA吸収	合成
	t-ブチルメトキシベンゾイルメタン		紫外線吸収	合成
紫外線散乱（反射）剤	酸化チタン	微粒子酸化チタン	紫外線散乱	鉱物
	酸化亜鉛	微粒子酸化亜鉛華	紫外線散乱。収れん剤	鉱物

〈 防腐剤・酸化防止剤・制汗剤・抗炎症剤 〉

分類		表示名称	慣用名または別名	配合目的	由来
防腐防カビ剤	防腐防カビ剤	安息香酸*		防腐剤。静菌作用は強いが、殺菌作用は弱い	植物
		メチルパラベン	パラベン	防腐剤。静菌作用が強く、広範囲の微生物に有効	合成
		エチルパラベン	パラベン	防腐剤。静菌作用が強く、広範囲の微生物に有効	合成
		フェノキシエタノール		防腐剤。殺菌性がある	植物、合成
	殺菌剤	ベンザルコニウムクロリド		殺菌剤	合成
		ジンクピリチオン		殺菌剤	合成
		ヒノキチオール*		殺菌剤。抗炎症作用	植物
酸化防止剤		トコフェロール	ビタミンE	製品の酸化を防ぐ。皮脂の酸化を防ぐ	植物、合成
		BHA	ベータヒドロキシ酸	製品の酸化を防ぐ	合成
		BHT	ジブチルヒドロキシトルエン	製品の酸化を防ぐ	合成
抗炎症剤		グリチルリチン酸アンモニウム*		抗炎症剤	植物
		グリチルリチン酸2K*		抗炎症剤	合成
		アラントイン*		抗炎症剤	合成
		塩化リゾチーム		抗炎症剤	卵白
		カミツレ油	アズレン、カモミール精油	抗炎症剤	植物
制汗剤		制汗剤	クロルヒドロキシAI	制汗剤	合成
		殺菌剤	ベンゼトニウムクロリド	殺菌剤	合成
		消臭剤	酸化亜鉛*	消臭剤	鉱物

〈 有効成分 〉

	分類	表示名称	慣用名または別名	配合目的	由来
美白対策	チロシナーゼ活性阻害（メラニン生成抑制）	アルブチン*	αアルブチン βアルブチン	美白剤	ハイドロキノン+糖
		ソウハクヒエキス		美白剤	植物
		シャクヤク根エキス		美白剤	植物
		カンゾウ根エキス		美白剤	植物
		コウジ酸*		美白剤	微生物（麹菌）
		エラグ酸*		美白剤	植物（いちご）
		4-n-ブチルレゾルシノール*	ルシノール	美白剤	植物（もみの木）
		プラセンタエキス* *部外品はブタ由来		美白剤	動物（ブタ、馬、ヒトなど）、植物
	メラノサイトへの情報伝達物質（エンドセリン）作用抑制	カミツレエキス*	カモミラET	美白剤	植物（カモミール）
	肌炎症時のメラニン色素生成誘導因子抑制	トラネキサム酸*	m-トラネキサム酸	美白剤	合成

*は医薬部外品中の有効成分となりうる成分。

分類		表示名称		慣用名または別名	配合目的	由来	
美白対策	メラニン還元作用	アスコルビン酸*		ビタミン C	美白剤	合成	
		ハイドロキノン			美白剤	植物（コケモモ）	
	チロシナーゼ活性阻害・濃色メラニン還元・メラニン排出促進（ターンオーバー促進）	水溶性	アスコルビン酸グルコシド*	AA-2G	美白剤	ビタミン C＋糖	※1
			リン酸アスコルビル Mg*	VC-PMG、APM	美白剤	ビタミン C＋Mg	
			アスコルビルリン酸 Na*	VC-PNA、APS	美白剤	ビタミン C＋Na	
			アスコルビルエチル*	3-0-エチルアスコルビン酸	美白剤	ビタミン C＋エチル	
			アスコルビン酸硫酸 2Na*	VC-SS	美白剤	ビタミン C＋硫酸 2Na	
		脂溶性	テトラヘキシルデカン酸アスコルビル*	VCIP	美白剤	ビタミン C＋イソパルミチン酸	
			ジパルミチン酸アスコルビル*	ビタミン C パルミテート	美白剤	ビタミン C＋パルミチン酸	
		脂＋水	パルミチン酸アスコルビルリン酸 3Na	APPS	美白剤	リン酸型アスコルビル＋パルミチン酸	
	チロシナーゼ分解促進・メラニン排出	リノール酸 S*		リノレックス	美白剤	植物（紅花油）	
	メラニン排泄作用（ターンオーバー促進）	アデノシン1、リン酸2、ナトリウム OT*		エナジーシグナル AMP	美白剤	酵母	
		チオクト酸		α-リポ酸	美白剤	合成	
		プルーン分解物			美白剤	植物	
肌荒れ防止剤など	ビタミン類	レチノール*		ビタミン A	表皮の乾燥や角化異常に効果	合成	
		パンテノール		プロビタミン B5	抗炎症、保湿作用	合成	
		ピリドキシン HCl		ビタミン B6 塩酸塩	湿性皮膚、乾性皮膚、皮脂分泌過剰の改善効果	合成	
		コレカルシフェロール		ビタミン D2	皮膚の乾燥に効果	合成	
		酢酸トコフェロール*		ビタミン E 誘導体	抗酸化	合成、植物	
		※1 参照		ビタミン C 誘導体	皮脂抑制、美白、コラーゲン繊維増作用	合成	
毛穴、ニキビ対策	収れん剤	フェノールスルホン酸亜鉛		スルホ石炭酸亜鉛	収れん剤	合成	
		塩化 Al		塩化アルミニウム	収れん剤	合成	
		タンニン酸		タンニン	収れん剤。抗酸化	植物	
		ワレモコウエキス			収れん剤	植物	
		ハマメリスエキス			収れん剤	植物	
	清涼化剤	メントール*			清涼剤	植物	
		カンフル*			清涼剤。感触改良剤。防腐剤	植物、合成	
		キシリトール		キシリット	清涼剤。保香性	植物	
	皮脂抑制剤	チョウジエキス			皮脂抑制剤	植物	
		オウレンエキス			皮脂抑制剤	植物	
	角質溶解剤	イオウ*			角質溶解剤。殺菌作用	鉱物	
		サリチル酸*			角質溶解剤。防腐剤	合成	
		グリコール酸		AHA	角質溶解剤	植物	
		パパイン		タンパク質分解酵素	角質除去	植物	
		プロテアーゼ		タンパク質分解酵素	角質除去	微生物	
	殺菌・抗菌剤	ベンザルコニウムクロリド			殺菌・抗菌剤	合成	
		セージ葉エキス			殺菌・抗菌剤	植物	
		イソプロピルメチルフェノール*			殺菌・抗菌剤	合成	
くすみクマ対策	血行促進	カプサイシン		トウガラシ果実エキス	血行促進	植物	
		ゴールデンカモミール			血行促進	植物	
活性酸素対策	活性酸素消去（SOD様作用）	アスタキサンチン			活性酸素消去作用	甲殻類	
		白金		白金ナノコロイド	活性酸素消去作用	鉱物	
		サンショウエキス			活性酸素消去作用	植物	
	ラジカル消去	フラーレン			ラジカル消去作用	合成	
		ウーロン茶エキス			ラジカル消去作用	植物	
しわたるみ対策	細胞増殖	ヒトオリゴペプチド -1		EGF（上皮成長因子）	表皮細胞増殖	微生物	
		ヒトオリゴペプチド -13		FGF（線維芽細胞成長因子）	真皮細胞増殖	微生物	

＊は医薬部外品中の有効成分となりうる成分。

分類		表示名称	慣用名または別名	配合目的	由来
しわ たるみ 対策	コラーゲン線維合成	パルミトイルペンタペプチド-4	マトリキシル（成長因子）	コラーゲン線維合成	植物
		レチノール*	ビタミンA	コラーゲン線維合成、ターンオーバー促進	合成
	ボトックス様作用	アセチルヘキサペプチド-8	アルジルリン	ボトックス様作用	植物
		ジ酢酸ジペプチドジアミノブチロイルベンジルアミド	蛇毒、シンエイク	ボトックス様作用	合成
	抗糖化	セイヨウオオバコ種子エキス	セイヨウオオバコ	抗糖化（AGEs生成抑制）	植物
		YACエキス	ヨモギ由来YACエキス	抗糖化（AGEs生成を減気）	植物

〈 102種類の旧表示指定成分と香料 〉

分類	薬事法による成分名
殺菌剤・防腐剤	パラオキシ安息香酸エステル、2-メチル-4-イソチアゾリン-3-オン、レゾルシン*、5-クロロ-2-メチル-4-イソチアゾリン-3-オン、安息香酸*及びその塩類、イソプロピルメチルフェノール*、ウンデシレン酸及びその塩類、ウンデシレン酸モノエタノールアミド、塩酸クロルヘキシジン、オルトフェニルフェノール、グルコン酸クロルヘキシジン、クレゾール、クロラミンT、クロルキシレノール、クロルクレゾール、クロルフェネシン、クロロブタノール、サリチル酸及びその塩類、ソルビン酸及びその塩類、チモール、チラム、デヒドロ酢酸及びその塩類、トリクロサン*、トリクロロカルバニリド、パラクロルフェノール、ハロカルバン、フェノール、ヘキサクロロフェン
防腐剤	1,3-ジメチロール-5,5-ジメチルヒダントイン、N,N"-メチレンビス [N'-(3-ヒドロキシメチル-2,5-ジオキソ-4-イミダゾリジニル) ウレア]
界面活性剤	塩化ラウリルトリメチルアンモニウム、酢酸ポリオキシエチレンラノリンアルコール、臭化セチルトリメチルアンモニウム、セチル硫酸ナトリウム、ポリオキシエチレンラウリルエーテル硫酸塩類、ポリオキシエチレンラノリン、ポリオキシエチレンラノリンアルコール、ラウリル硫酸塩類、塩化セチルトリメチルアンモニウム
界面活性剤（殺菌剤・防腐剤）	ラウロイルサルコシンナトリウム、臭化ドミフェン、臭化アルキルイソキノリニウム*、塩化セチルピリジニウム、塩化ベンザルコニウム*、塩化ベンゼトニウム、塩酸アルキルジアミノエチルグリシン
界面活性剤（帯電防止剤）	塩化アルキルトリメチルアンモニウム、塩化ジステアリルジメチルアンモニウム、塩化ステアリルジメチルベンジルアンモニウム、塩化ステアリルトリメチルアンモニウム
界面活性剤（洗浄剤）	直鎖型アルキルベンゼンスルホン酸ナトリウム
毛根刺激剤	ショウキョウチンキ、トウガラシチンキ、ノニル酸バニリルアミド、カンタリスチンキ
保湿剤など	プロピレングリコール
皮膜形成剤	セラック
粘着剤、皮膜形成剤	ロジン
調合香料の原料など	ベンジルアルコール
中和剤	ジエタノールアミン、トリイソプロパノールアミン、トリエタノールアミン、ジイソプロパノールアミン
増粘剤	トラガント
色材原料、防腐殺菌剤	ピロガロール
消炎剤	塩酸ジフェンヒドラミン、グアイアズレンスルホン酸ナトリウム、ニコチン酸ベンジル
収れん剤	パラフェノールスルホン酸亜鉛、イクタモール
紫外線吸収剤	シノキサート、パラアミノ安息香酸エステル、2-(2-ヒドロキシ-5-メチルフェニル)ベンゾトリアゾール、サリチル酸フェニル
紫外線吸収剤、消炎剤	グアイアズレン
紫外線吸収剤、安定化剤	オキシベンゾン
酵素類	塩化リゾチーム
抗酸化剤など	カテコール、酢酸dl-α-トコフェロール*、dl-α-トコフェロール、ジブチルヒドロキシトルエン、ブチルヒドロキシアニソール、没食子酸プロピル
金属イオン封鎖剤	エデト酸及びその塩類
基剤・乳化安定助剤	セタノール、ステアリルアルコール
基剤	酢酸ラノリンアルコール、セトステアリルアルコール、ポリエチレングリコール（平均分子量が600以下の物）、ミリスチン酸イソプロピル、ラノリン、液状ラノリン、還元ラノリン、硬質ラノリン、ラノリンアルコール、水素添加ラノリンアルコール、ラノリン脂肪酸イソプロピル、ラノリン脂肪酸ポリエチレングリコール、酢酸ラノリン
基剤・接着剤	天然ゴムラテックス
化粧品用色材	一部のタール色素
ホルモン	ホルモン
香料	香料

*は医薬部外品中の有効成分となりうる成分。

参考文献・資料

『美容皮膚科学改訂第2版』
監修 日本美容皮膚科学会／編集 宮地良樹・松永佳世子・古川福実・宇津木龍一／南山堂

『新化粧品学』
編集　光井武夫／南山堂

『最新化粧品科学　改訂増補Ⅱ』
日本化粧品技術者会／薬事日報社

『香粧品製造学－技術と実際－』（絶版）
FRAGRANCE JOURNAL 編集部編／フレグランスジャーナル社

『化粧品の有用性　評価技術の進歩と将来展望』
監修 武田克之・原田昭太郎・安藤正典／編集企画 日本化粧品技術者会／薬事日報社

『化粧品成分ガイド第5版』
宇山侊男・岡部美代治／フレグランスジャーナル社

『アロマテラピー図解事典』
岩城都子／高橋書店

『エステティック基礎講座3　美容皮膚科学』
一般社団法人日本全身美容協会推薦図書

『現場で役立つ化粧品美容のQ&A』
岡部美代治・久光一誠／フレグランスジャーナル社

『美巡ブラシエステ』
余慶尚子／中央公論新社

『Beautiful NAIL Plus』
木下美穂里／新美容出版

『美容最前線ビューティトレンド』
霜川忠正／中央書院

『なまけ美容入門』
小西さやか／主婦の友社

厚生労働省薬務課ホームページ
気象庁ホームページ
日本化粧品工業連合会ホームページ
西日本化粧品工業連合会ホームページ
株式会社生活の科学社 石鹸百科ウェブサイト
日本工業標準調査会（JISC）ホームページ

おわりに
AFTERWORD

この本を最後まで読んでくださってありがとうございます。

この本は、化粧品のことをより深く知りたいという方に読んでいただくのはもちろん、事典としてお手元に置いていただき、化粧品について疑問があったときなどに確認していただくという活用もできます。また、「日本化粧品検定」の公式テキストとして試験対策もできる本となっております。

私が「日本化粧品検定」を立ち上げようと思ったきっかけは、「情報が多すぎて、化粧品を買うのにも、選ぶのにも、使うのにも、どうしたらいいかわからない!?」という友人や知人からの相談の声でした。

氾濫する情報化社会の中で、化粧品や美容に関する多種多様な情報が発信されていますが、必ずしもその情報が科学的に検証、整理されているとは言えません。そのため、化粧品選びに混乱するだけでなく、肌トラブルが起こるといった事態を招くこともあります。

化粧品に関する思い込みから、間違った使い方をしてしまったり、「アレルギーが出ているのに使い続けた結果、ひどい状態になった」と悪いイメージが残ってしまった方もいるのではないでしょうか。

化粧品について、科学的根拠のある正しい知識を学んでいただき、肌が求める最適な化粧品を選択することで、私の愛する化粧品の素晴らしさを実感してもらいたいという願いから「日本化粧品検定」を立ち上げ、そして、

この「コスメの教科書」も出版することになりました。自分のための化粧品選びはもちろんのこと、家族や友人、またお客様への化粧品選びに、さらに化粧品や美容業界で働く方々にとってのバイブルとして、この本を役立てていただければ光栄です。

この本を出版するにあたって、監修してくださった先生方、助言をいただいた大学教授の方々、美容学校の先生方、アドバイスをいただいた中原浩様、経営のご指導をいただいた藤田耕司先生、日本化粧品検定協会理事やスタッフの皆様、編集担当の田中希さん、かかわってくださった多くの方々に心から感謝致します。

この本で、一人でも多くの方が、美容・コスメに関する悩みがなくなり、化粧品のことをもっと好きになり、楽しい毎日が過ごせますように。

一般社団法人日本化粧品検定協会
代表理事　小西さやか

小西さやか

国立大学大学院卒業後、大手メーカーにて化粧品の研究・開発を行い、累計10万種を超える化粧品を評価してきた経験と、化学修士としての視点から美容、コスメを評価できるスペシャリスト、コスメコンシェルジュ® として活動中。2011年に起業し、一般社団法人日本化粧品検定協会® を設立。代表理事を務めながらその知見から化粧品開発のコンサルティングをはじめ、TVや雑誌、大学での講義など幅広く活躍中。日本流行色協会のメイクアップトレンドカラーの選定委員も務め、選定色によるメイクアップパターンを制作、および監修をしている。コスメ薬事法管理者、化粧品製造販売責任者、K-twoプロフェッショナルメイクアップ認定、ワットポータイ古式マッサージ認定、工業高校化学科教員免許の資格を有する。著書に『なまけ美容入門』(主婦の友社)。

コスメコンシェルジュ® 小西さやかの『なまけ美容』オフィシャルブログ
http://ameblo.jp/panntyann1/

日本化粧品検定協会ホームページ
http://www.cosme-ken.org/

日本化粧品検定Facebookページ
http://www.facebook.com/JapanCosmeKentei

美容連載コラム「Fashion Latte」
http://s.fashioncity.jp/column/

内容・検定に関するお問い合わせ先　一般社団法人日本化粧品検定協会
info@cosme-ken.org

日本化粧品検定協会®公式　コスメの教科書

監修	日本化粧品検定協会®
著者	小西さやか
発行者	荻野善之
発行所	株式会社主婦の友社 〒101-8911　東京都千代田区神田駿河台2-9 電話　03-5280-7537（編集）　03-5280-7551（販売）
印刷所	大日本印刷株式会社

Ⓒ HORIPRO INC. 2013　Printed in Japan
ISBN978-4-07-291457-1

Ⓡ〈日本複製権センター委託出版物〉
本書を無断で複写複製（電子化を含む）することは、著作権法上の例外を除き、禁じられています。
本書をコピーされる場合は、事前に公益社団法人日本複製権センター（JRRC）の許諾を受けてください。
また本書を代行業者等の第三者に依頼してスキャンやデジタル化することは、
たとえ個人や家庭内での利用であっても一切認められておりません。
JRRC〈http://www.jrrc.or.jp　eメール：jrrc_info@jrrc.or.jp　電話：03-3401-2382〉

■乱丁本、落丁本はおとりかえします。お買い求めの書店か、
　主婦の友社資材刊行課（電話 03-5280-7590）にご連絡ください。
■内容に関するお問い合わせは、主婦の友社（電話 03-5280-7537）まで。
■主婦の友社が発行する書籍・ムックのご注文、雑誌の定期購読のお申し込みは、
　お近くの書店か主婦の友社コールセンター（電話 0120-916-892）まで。
＊お問い合わせ受付時間　月〜金（祝日を除く）　9:30〜17:30
主婦の友社ホームページ http://www.shufunotomo.co.jp/

そ-063005